くまもとの哺乳類

熊本野生生物研究会編

東海大学出版部

The Mammals of Kumamoto
Edited by Kumamoto Wildlife Society
Tokai University Press, 2015
Printed in Japan
ISBN978-4-486-03735-4

謝　辞

　この本は読者として中高生以上を対象としています．私たちは，この本の執筆にあたり，現役高校生の視点を取り入れたいと考えました．そこで，熊本市立千原台高等学校の生徒に原稿を読んでもらい，内容と文章表現について意見を求めました．彼ら彼女らの率直な意見は，私たち執筆者にとってまさに「目から鱗」の指摘をたくさん含んでいましたし，この本をよりわかりやすくすることに役立ちました．ご協力に感謝します．

　この本で紹介した調査研究の一部は，熊本野生生物研究会（以下，本会）の調査活動費，本会に対する助成金等（公益財団法人再春館「一本の木」財団助成，2011年度；第8回九州ろうきんNPO助成，2011年度；熊本県生物多様性普及促進補助金，2011年度，2013年度）により実施しました．とくに，1985年から今日に至るまで熊本県・大分県・宮崎県教育委員会により実施されてきた九州山地カモシカ特別調査や熊本県希少野生動植物検討委員会による熊本県レッドデータブック補完調査には本会会員が多数参加しました．これらによって得られた多くの経験と成果はこの本の中核をなしています．また，この本の内容の一部には，本会会員個人あるいは会員が所属する学校・団体等が実施した調査研究の成果や体験に依拠して構成した部分を含みます．

　荒井秋晴博士，一柳英隆博士，馬場　稔博士は，校閲者として初期原稿に目を通し，有益なコメントをくださいました．また，東海大学出版部の田志口克己氏は本書の企画を快く受けてくださり，原稿の執筆と編集を叱咤激励してくださいました．本郷尚子氏はこの本の制作に多大な貢献をしてくださいました．ご協力に感謝します．

　この本の出版事業には，公益財団法人再春館「一本の木」財団の助成（2014年度）を受けました．ここに記し，感謝いたします．

はじめに

　私たち熊本野生生物研究会（以下，熊野研）は，哺乳類を中心とした野生動植物の熊本県内における分布や生態についての調査研究を行っています．その成果は生物多様性の保全や外来生物の対策に活かされています．また，活動を通して学んだことを学校教育や啓発活動につなげるように努めています．

　熊野研は 1985 年に設立され，2015 年に 30 周年を迎えました．これを機会にこれまでの活動によって得られた感動や知見をまとめ，記念出版物を発刊することとしました．

　この本を執筆するにあたって「大編集会議」を開き，編集者と執筆者が集まりました．そのとき，編集者の一人から次のような提案がありました．「私は高校の生物教員だが，長期休業中や週末の課題として，生徒が熊本の野生哺乳類を学ぶ読み物を作りたい．これを基本方針にしてはどうか．」議論の結果，以下の 3 点をコンセプトにすることが決まりました．

①熊本県内に生息する野生哺乳類を対象とすること．
②会員が体験したり，学んだりしたことを通して，それぞれの動物の生物学的特徴や地域の自然を紹介すること．
③専門用語を多用せず，一般読者や高校生が理解できる内容と表現にすること．

　この本の題名は『くまもとの哺乳類』ですが，対馬と南西諸島を除く「九州本島」の哺乳類について学べるものとなっています．九州本島から記録があり，この本で紹介していない種は，大分県で生息が確認された在来種のウサギコウモリと，鹿児島県の一部で生息が確認された外来種のジャワマングースの 2 種のみです．

この本の特徴とねらい

　この本は，熊本から記録のある55種の哺乳類を対象としています．ほかにも，「熊本ならでは」のいくつかの動物（ウシ，ウマなど）にも少しだけ触れています．それぞれの種の詳しい特徴にはあまり触れていませんが，その点は図鑑や専門書をお読みいただきたいと思います．巻末に参考文献を用意してあります．

　この本の執筆は熊野研の多くの会員が分担しました．現役の大学生からベテランの研究者まで多様な人たちです．それぞれの感性や経験・知識が活かされている点も特徴となっています．

　この本をきっかけに，野生動植物への興味が深まり，調査研究への関心が高まることを期待します．そして読者の中から，熊野研のみならず地域で活動している自然観察や環境保護，調査研究の団体に参加される方が生まれれば幸いです．

この本の構成

　この本は，序章，解説編（第1〜8章），発展編（第9〜10章），資料で構成されています．序章では，哺乳類とその生息環境をみていきます．解説編では，熊本県に分布する陸の哺乳類と海の哺乳類をさまざまな角度から紹介します．発展編では，哺乳類の調査方法と実践，そして調査で得られた結果を生物多様性の保全に結びつける取り組みを紹介します．資料では，熊本の哺乳類学の先達と歴史などを紹介します．

この本の使い方

　この本は，一部を除き，見開き2ページが1つのトピックとなっています．つまり，どのページを開いても，そのトピックは左右2ページで完結します．はじめは，目次から興味をひくものをみつけて，「つまみ読み」することをおすすめします．前後に関連するトピックが配置されている場合が多いので，ついでに前後のページを開いて読んでみるとよいでしょう．もちろん，最初のページから順に読み進めてもなんの問題もありません．

　解説編では，哺乳類の目ごとに章わけがされています．各章の最初に，その目の簡単な紹介をしています．また，体の大きさの比較ができる図

があります．それぞれの動物がどのような大きさなのかを頭に入れてから読むと，理解が深まるでしょう．

この本で採用した哺乳類の分類体系

　この本では，国際自然保護連合（IUCN）という国際的に権威のある団体が公表している「絶滅のおそれのある種のレッドリスト2014.2」の分類体系を採用しました．このレッドリストは哺乳類のほぼ全種を網羅しており，インターネットに公開されているため <http://www.iucnredlist.org>，必要なときに容易にアクセスすることができます．分布図などの有益な情報も提供されています．これによれば，2014年9月末時点で，今までに知られている地球上の哺乳類は27目5,513種です．

　最近の遺伝子による系統解析の進展をふまえて，旧来の分類体系が見直されつつあります（『動物の起源と進化（2011）』）．目のレベルでは，次のような2つの大きな変更があったので，この本でもそれに従いました．

①旧来の鯨目と偶蹄目が統合されて鯨偶蹄目（くじらぐうていもく）になった．
②旧来の食虫目は廃止され，モグラなどは真無盲腸目（しんむもうちょうもく）になった．

　目より下のレベル（科，属，種）でも，最新の知見にもとづき，分類の変更が日々議論されています．そのため，かつて出版された図鑑のなかには最新の分類体系との整合性がとれていないものがあり，注意が必要です．

　旧来の分類体系では，たとえば偶蹄目＝ウシ目というように，従来の漢字表記の目名に対応する文部科学省が定めたカタカナ表記の目名がありました．これは教科書などでも採用されています．しかし，現在使われている鯨偶蹄目などに対応するカタカナ表記はありません．そこで，この本では基本的には漢字の目名で表記し，必要に応じてカタカナ表記を付けることにしました．たとえば，鯨偶蹄目（旧来のクジラ目とウシ目）といった具合です．

　なお，和名については『日本の哺乳類．改訂2版(2008)』に従いました．

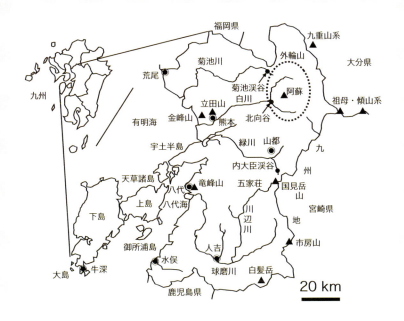

熊本県の地図．この本で紹介されているおもな調査地と地名を記した．

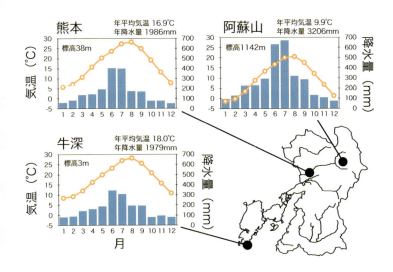

熊本の気温と降水量．気象庁のデータにもとづく．統計期間は1981〜2010年の30年間．

目次

謝　辞 ……………………………………………………… iii
はじめに …………………………………………………… iv

序章　哺乳類と生息環境
1　くまもとの哺乳類　多様な環境にはぐくまれて　坂田拓司 ……… 2
2　地域によって異なる哺乳類相　　　　　　　　　坂田拓司 ……… 6
3　哺乳類とは？　　　　　　　　　　　　　　　　安田雅俊 ……… 8
4　絶滅危惧種と天然記念物　　　　　　　　　　　坂田拓司 ……… 10
5　脊梁の天然林　　　　　　　　　　　　　　　　山下桂造 ……… 12
6　里山の変化　　　　　　　　　　　　　　　　　安田雅俊 ……… 14
7　河川環境の変化　　　　　　　　　　　　　　　一柳英隆 ……… 16

Ⅰ．解説編

第1章　鯨偶蹄目（旧ウシ目）カモシカ・ニホンジカ・イノシシ
8　カモシカとはどんな動物か　　　　　　　　　　坂田拓司 ……… 24
9　カモシカとヒトの関係　　　　　　　　　　　　坂田拓司 ……… 26
10　カモシカはどこに何頭いるの？　　　　　　　　坂田拓司 ……… 28
11　カモシカの現状とこれから　　　　　　　　　　坂田拓司 ……… 30
12　野生のカモシカを激写！　　　　　　　　　　　田上弘隆 ……… 32
13　カモシカを「自動撮影」する　　　安田雅俊・八代田千鶴 ……… 34
14　カモシカ調査と熊本野生生物研究会の30年　　坂田拓司 ……… 36
15　糞に集まる昆虫たち　　　　　　　　　　　　　免田隆大 ……… 38
16　ニホンジカのくらし　　　　　　　　　　　　　八代田千鶴 ……… 40
17　シカが増えたのはオオカミの絶滅が原因？　　　八代田千鶴 ……… 42
18　シカによる森林被害と対策　　　　　　　　　　八代田千鶴 ……… 44
19　シカの数をコントロールする　　　　　　　　　八代田千鶴 ……… 46
20　イノシシのごちそう，イノシシはごちそう　　　八代田千鶴 ……… 48

21	帰ってきたイノシシ	安田雅俊	50
22	カエルとイノシシの不思議な関係	坂本真理子	52
23	阿蘇の巻狩	大田黒司	54
24	阿蘇の「あか牛」	石橋真奈	56
25	うまいウマの話	坂田拓司	58

第2章 食肉目（ネコ目）タヌキ・キツネ・ネコなど

26	九州から絶滅した哺乳類	安田雅俊	64
27	『毛介綺煥』に描かれた哺乳類	城戸美智子	66
28	洞窟から発見されたオオカミの骨	坂本真理子	68
29	絶滅したオオカミと日本人	大田黒司	70
30	絶滅直前のカワウソのくらし	一柳英隆	72
31	熊本のカワウソとカッパ伝説	矢加部和幸	74
32	ツキノワグマの絶滅	矢加部和幸	76
33	阿蘇のキツネはどこに棲むか	中園敏之	78
34	阿蘇のキツネの生態をさぐる	中園敏之	80
35	キツネにばかされた話	藤吉勇治	82
36	意外とあなたのそばにも　タヌキ	村山香織	84
37	アナグマ，あらわる	安田雅俊	86
38	美しい毛皮の持ち主　テン	荒井秋晴	88
39	在来のイタチ，外来のチョウセンイタチ	荒井秋晴	90
40	放すのも，捕らえるのも人間　アライグマ	安田雅俊	92
41	アライグマ撮影事件	越野一志	94
42	水俣の「ネコ400号」の教訓	高添　清	96
43	お稲荷様とキツネと日本人	大田黒司	98
44	くまモンはクマなのか？	安田雅俊	100

第3章　齧歯目（ネズミ目）ヤマネ・モモンガ・ムササビ・リス・ネズミ

45　野生のヤマネの研究に挑戦　　　　　　　　　　安田雅俊・大野愛子・井上昭夫 ……… 106
46　こんなに低い山にも⁉　八代のヤマネ　　　　　坂田拓司 ……… 108
47　ヤマネのスーパーお母さん　　　　　　　　　　坂本真理子 ……… 110
48　ニホンモモンガ　かわいいグライダー　　　　　坂田拓司 ……… 112
49　巣箱で繁殖確認！　ニホンモモンガ　　　　　　天野守哉 ……… 114
50　鎮守の森の住人　ムササビ　　　　　　　　　　坂田拓司 ……… 116
51　お城にムササビ⁉　　　　　　　　　　　　　　歌岡宏信 ……… 118
52　幻のニホンリス　　　　　　　　　　　　　　　安田雅俊 ……… 120
53　森をささえるネズミたち　　　　　　　　　　　坂田拓司 ……… 122
54　草原のネズミ　ハタネズミ　　　　　　　　　　荒井秋晴 ……… 124
55　希少なネズミ　スミスネズミ　　　　　　　　　坂田拓司 ……… 126
56　哺乳類調査において採集されたヤスデ　　　　　免田隆大 ……… 128
57　日本一小さなネズミ　カヤネズミ　　　　　　　石橋真奈 ……… 130
58　放すのも，捕らえるのも人間　クリハラリス　　坂田拓司 ……… 132
59　家のネズミは外来種　　　　　　　　　　　　　坂本真理子 ……… 134
60　太古の熊本の哺乳類　　　　　　　　　　　　　安田雅俊 ……… 136

第4章　兎目（ウサギ目）ニホンノウサギ・アナウサギ

61　在来のノウサギ，外来のアナウサギ　　　　　　皆吉美香 ……… 140
62　牛深のウサギ島　　　　　　　　　　　　　　　坂田拓司 ……… 142
63　天草の哺乳類の謎　　　　　　　　　　　　　　安田雅俊 ……… 144

第5章　霊長目（サル目）ニホンザル・ヒト

64　群れをつくるニホンザル　　　　　　　　　　　長尾圭祐 ……… 148
65　熊本の類人猿　　　　　　　　　　　　　　　　安田雅俊 ……… 150

66　ヒト　私たちの課題　　　　　　　　　　　長尾圭祐 ········152

第6章　翼手目（コウモリ目）
67　コウモリの出す超音波を聞く　バットディテクター
　　　　　　　　　　　　　　　　　　　　　　坂田拓司 ········158
68　洞穴のコウモリ　　　　　　　　　　　　　坂田拓司 ········160
69　天狗山のノレンコウモリ　　　　　　　　　坂田拓司 ········162
70　乱舞　ユビナガコウモリ　　　　　　　　　坂田拓司 ········164
71　森林のコウモリ　　　　　　　　　　　　　坂田拓司 ········166
72　トンネルのコウモリ　　　　　　　　　　　坂田拓司 ········168
73　おしゃれで小さなコテングコウモリ　　　　田中英昭 ········170
74　コウモリを調べるのは楽しいよ　　　　　　坂田拓司 ········172
75　渡り廊下問答　アブラコウモリ　　　　　　坂田拓司 ········174
76　天守閣に謎のコウモリあらわる　　　　　　坂田拓司 ········176
77　コウモリのなく頃に　　　　　　　　　　　安田樹生 ········178

第7章　真無盲腸目（旧モグラ目の一部）モグラ・ヒミズ・カワネズミ・ジネズミなど
78　九州にモグラは3種　　　　　　　　　　　安田雅俊 ········182
79　モグラの地中生活を電波で追う　　　　　　樫村　敦 ········184
80　コウベモグラ　風車の振動は嫌いだが……　坂田拓司 ········186
81　幻のヒメヒミズを捕まえる　　　　　　　　安田雅俊 ········188
82　ネズミじゃないよ　カワネズミ　　　　　　一柳英隆 ········190
83　どこにいる？　カワネズミ　　　　　　　　一柳英隆 ········192
84　ネズミじゃないよ　ニホンジネズミ
　　　　　　　　　　　　　　　　　松田あす香・坂本真理子 ······194

第8章　海生哺乳類 イルカ・ジュゴン

- 85　私の大好きなスナメリ　　　　　　　　松本麻里 ……198
- 86　海のアイドル☆ミナミハンドウイルカ
  　　　　　　　　　　　　　松本麻里・田畑清霧 ……200
- 87　海をこえてきた天然記念物　ジュゴン　安田雅俊 ……202

Ⅱ．発展編

第9章　地域の生物多様性をどう調べ，どう守るか

- 88　自動撮影カメラでパチリ　　　　　　　長峰　智 ……208
- 89　樹上にカメラをしかけてみたら　　　　森田祐介 ……210
- 90　交通事故死した動物からわかること　　荒井秋晴 ……212
- 91　身のまわりの哺乳類を知る　　　　　　坂本真理子 ……214
- 92　トンネルで出会えるコウモリ　　　　　坂本真理子 ……216
- 93　哺乳類を捕獲するには　　　　　　　　坂田拓司 ……218
- 94　糞から落とし主を知る　　　　　　　　長尾圭祐 ……220
- 95　調査の七つ道具　　　　　　　　　　　田上弘隆 ……226
- 96　スズメバチに刺されたら　　　　　　　歌岡宏信 ……228
- 97　マムシに咬まれたら　　　　　　　　　松田あす香 ……230
- 98　「レッドデータブックくまもと」の哺乳類　坂田拓司 ……232
- 99　生物多様性くまもと戦略と熊本野生生物研究会
  　　　　　　　　　　　　　　　　　　　坂田拓司 ……234
- 100　ひと昔前の熊本の哺乳類　　　　　　長尾圭祐 ……236
- 101　狩猟　自然を守る一つの方法　　　　安田雅俊 ……238
- 102　生物も神さまも自然の一部，そして人間も　大田黒司 ……240
- 103　九州におけるヒトの増加と生物多様性
  　　　　　　　　　　　　　安田雅俊・八代田千鶴 ……242

第10章 外来生物をどう学び，どう教えるか

- 104 たくさんの外来生物　　　　　　　　　　　前田哲弥 ……248
- 105 外来生物を増やさないために　　　　　　　坂田拓司 ……250
- 106 クリハラリスを追いかけた高校生　　　　　天野守哉 ……252
- 107 クリハラリスを題材にした授業（1）解剖実習
　　　　　　　　　　　　　　　　　　　　　　　　坂田拓司 ……272
- 108 クリハラリスを題材にした授業（2）特定外来生物
　　　　　　　　　　　　　　　　　　　　　　　　坂田拓司 ……278
- 109 外来生物を減らすための科学　　　　　　　安田雅俊 ……280

資　料

- 110 熊本野生生物研究会前会長　西岡鐵夫　　坂田拓司 ……284
- 111 熊本大学名誉教授　吉倉　眞　　　　　　高添　清 ……286
- 112 熊本の哺乳類学略史　　　　　　　　　　矢加部和幸 ……288

- あとがきにかえて ……294
- 参考文献 ……297
- 索　引 ……300
- 執筆者・写真提供者等一覧 ……304

序章　哺乳類と生息環境

　序章では，おもに九州本土の哺乳類とその生息環境についての基本的なことがらを解説します．

　私たちは地球上に生息する 5,513 種の哺乳類の 1 種です．「哺乳類とは何か」を知ることは，生物学的には「ヒト」と呼ばれる私たち自身を知ることにつながります．それはさらに，5,512 種の他の哺乳類と私たちをとりまく環境を考えるきっかけにもなります．

　日本列島は南北に長く，自然環境が変化に富んでいるため，多様な生物がくらしています．世界的にみても種数と固有種が多く，生物多様性のホットスポット（集中している地域）の一つです．その西に位置する九州本土の陸と沿岸の海からは全哺乳類の約 1 ％の種が記録されています．九州の面積が沿岸海域を加えても地球の表面積の約 0.1 ％しかないことを考えると，種の多様性が比較的高い地域と言えます．

　その理由は，この地方の気候が適度に温暖で雨が多いため多くの動植物をはぐくむ天然の森林が成立できることにくわえ，森林以外にも草原や河川，洞窟といった多様な生息環境があること，太古からの複雑な地史と動植物の移動の歴史をもつこと，人間が昔から自然環境に影響を与えてきたことなどが関係しています．

　上にあげた要因を一つひとつ説明することは本書の範囲を超えてしまいます．序章を読んでさらに詳しいことを知りたい方は各方面の専門書などを参考にしてください．

　ここでは，多様な環境には多様な生物が生息できるということ，そして人間活動が生物多様性に大きな影響を及ぼすという事実を心にとめておけばよいでしょう．

1 くまもとの哺乳類
多様な環境にはぐくまれて

　動物は生息する地域の自然環境，とくに植生に大きく依存します．温暖多雨な九州のなかでも，熊本県は気候や地形・地質が複雑で，植生・植物相も豊かです．このような環境を背景に哺乳類相も多様性に富んでいます．

　九州山地の天然林にはカモシカやヤマネ，ヒメヒミズ，ニホンモモンガなどの希少な種に加えて，コテングコウモリなどの森林性コウモリ類も多く生息しています．

　熊本県の植生はほぼ全域が森林で覆われるのが自然本来の姿です．標高 700 m 未満には冬も緑におおわれたシイ・カシの常緑広葉樹林，その上部の 1,000 m 付近までには常緑針葉樹のモミ・ツガ林，1,000 m 付近より上には晩秋の紅葉が美しく，冬に落葉する落葉広葉樹林が発達します．

　しかし，長い人間活動の結果，これらの自然植生の多くはなくなり，現在では各地に断片的に残っているにすぎません．替わって，農耕地やスギ・ヒノキの人工林，竹林，クヌギやコナラ林などの二次的に成立した植生が広がっています．このような環境にはタヌキやニホンノウサギなどが棲んでいます．

　阿蘇には広い草原が人為的に維持されていますが，そこにはハタネズミが広く分布し，それを餌にするキツネも生息しています．

　県南の石灰岩地には洞窟が散在しており，球磨川沿いの大瀬洞には数万頭のユビナガコウモリが越冬します．また雨が豊富で多くの河川が流れていますが，上流部の清流にはカワネズミが生息しています．

　都市部にも野生の哺乳類が生息しています．ビル内にはクマネズミ，家屋の戸袋にはアブラコウモリ（イエコウモリ），繁華街では残飯をあさるタヌキも目撃されます．

　さて，熊本県内からは，2014 年時点で 49 種の陸生哺乳類と 6 種の海生哺乳類が知られています（表 1）．しかし，すでに九州から絶滅したと考えられるツキノワグマ，オオカミ，カワウソの 3 種，生息しているかわからないニホンリス，近年まったく情報が得られていない外来種のヌートリア，迷行とみられるジュゴンを除けば哺乳類は 49 種（陸生 44 種，

海生5種）です．私たちヒトを加えると計50種となります．
　この中にはもともと特殊な環境で生活している種や，天然林の減少の影響を受けている種もいます．さらに，近年，ニホンジカが数を増やし，山地の草本や低木に多大な食害を及ぼし，動物相も含めた生態系全体に影響を与えています．
　陸生の種には明治以降に本県に侵入した外来種としてチョウセンイタチとアナウサギ，クリハラリス，アライグマの4種も含まれていま

図1　県内の特徴的な哺乳類の分布．絶滅種と近年まったく情報が得られていない種を除くと，県内には49種の野生の哺乳類と私たちヒトを加えた計50種が分布する．そのうち6種について，生息する代表的な地域を示す（長尾圭祐　画）．

表1　熊本県内で確認されている野生の哺乳類

番号	和名	熊本県 RL2014[†]	環境省 RL2012[†]	特記事項
1	カワネズミ	準絶滅危惧	絶滅のおそれのある地域個体群	
2	ニホンジネズミ	要注意種		
3	ヒメヒミズ	絶滅危惧IA類		
4	ヒミズ			
5	コウベモグラ			
6	キクガシラコウモリ			
7	コキクガシラコウモリ	準絶滅危惧		
8	モモジロコウモリ	準絶滅危惧		
9	クロホオヒゲコウモリ	絶滅危惧IA類	絶滅危惧II類	
10	ノレンコウモリ	絶滅危惧IB類	絶滅危惧II類	
11	アブラコウモリ			別名イエコウモリ
12	ヤマコウモリ	絶滅危惧II類	絶滅危惧II類	
13	ヒナコウモリ	情報不足		
14	ユビナガコウモリ	要注目種		
15	テングコウモリ	絶滅危惧II類		
16	コテングコウモリ	絶滅危惧II類		
17	オヒキコウモリ	絶滅危惧II類	絶滅危惧II類	
18	ニホンザル			
19	キツネ			
20	タヌキ			
21	オオカミ	絶滅	絶滅	
22	イヌ			外来種
23	ツキノワグマ	絶滅	九州では絶滅	
24	アライグマ			特定外来生物※
25	テン			
26	イタチ	準絶滅危惧		
27	チョウセンイタチ			外来種
28	アナグマ			
29	カワウソ	絶滅	絶滅	
30	イエネコ			外来種
31	イノシシ			
32	ニホンジカ			
33	カモシカ	絶滅危惧IA類	絶滅のおそれのある地域個体群	特別天然記念物
34	ジュゴン		絶滅危惧IA類	天然記念物
35	カマイルカ			
36	ミナミハンドウイルカ			
37	ハナゴンドウ			
38	シャチ			
39	スナメリ	絶滅危惧IA類		
40	ニホンリス		絶滅のおそれのある地域個体群	確実な生息記録なし
41	クリハラリス			特定外来生物※, 別名タイワンリス
42	ムササビ	準絶滅危惧		
43	ニホンモモンガ	絶滅危惧IB類		
44	スミスネズミ	要注目種		
45	ハタネズミ	要注目種		
46	カヤネズミ	準絶滅危惧		
47	アカネズミ			
48	ヒメネズミ			
49	ドブネズミ			外来種
50	クマネズミ			外来種
51	ハツカネズミ			外来種
52	ヤマネ	絶滅危惧II類		天然記念物
53	ヌートリア			特定外来生物※, 近年の生息確認なし
54	ニホンノウサギ			
55	アナウサギ			外来種

※外来生物法で指定された種. 外来種とは人間活動によって持ち込まれた種
[†] RL：レッドリスト

す．チョウセンイタチは全県的に分布を広げ，在来種のイタチを駆逐し続けています．アナウサギはごく一部の島などに生息しています．また，2008年に定着が確認されたクリハラリスは生態系や農林業に大きな被害を及ぼすおそれがあるため積極的に駆除が行われています．隣県で定着して分布が広がっているアライグマは県内でも確認されはじめていて，監視と早期対策が必要です．

　野生の哺乳類のうち，夜行性であったり小型であったり生息域がかぎられている種は，その存在がわかりにくいものです．今後，県内各地を精査していけば，これまでに県内から生息が確認されていなかった種が発見されるはずです．また，現在生息している多様な種を保全することも重要です．そのためには，多様な環境を維持・回復することが求められます．

坂田拓司

※「熊本県の保護上重要な野生動植物リスト－レッドリスト2014－」は下記を参照してください．
http://www.pref.kumamoto.jp/soshiki/44/kisyo

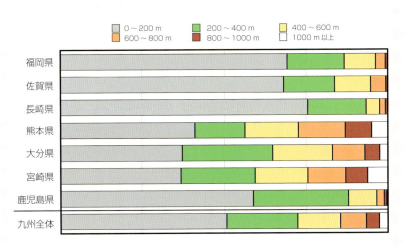

図2　九州各県の標高別の土地面積の割合．資料提供：近藤洋史（森林総合研究所九州支所）．九州の北部と南部（福岡，佐賀，長崎，鹿児島の4県）は標高400m未満の土地の面積の割合が高いのに対して，中九州（熊本，大分，宮崎の3県）は標高400m以上の割合が高いという特徴がある．これは中九州の3県が九州山地を共有しているからである．九州では標高1,000m以上にブナやミズナラなどの落葉樹からなる森林が広がっている．その面積が相対的に大きい中九州にはカモシカやヒメヒミズなどの独特な哺乳類が分布する．

2 地域によって異なる哺乳類相

　昔話や伝承，遊びにはさまざまな動物が登場します．「桃太郎」のお供はイヌとキジとサル．「金太郎」の相撲の相手はクマ．「ぶんぶく茶釜」は化けタヌキ．お日様が出ているのに雨が降るときは「キツネの嫁入り」．「ずいずいずっころばし」ではネズミ．花札にはイノ（猪）シカ（鹿）チョウ（蝶）などなど．

　集落に棲み着いたり，里山や草原に出てきたりする野生哺乳類は身近な存在でした．一方，ヒトのライバルでもあったオオカミは奥山に棲み，恐れおののく対象でもありました．また，めったに出会うことのなかったカモシカは昔話に出てくることもほとんどありません．このように，地域（生息環境）によって棲んでいる哺乳類が異なっていることがわかります．

　ヒトの生活に依存している，つまり集落や農地周辺では見かけるものの自然の森には棲んでいない野生の哺乳類がいます．それはハツカネズミやドブネズミ，そしてアブラコウモリです．これらのネズミはヒトの生産活動から得られる食品をおもな餌としています．アブラコウモリは昼間の休息場所を人家に依存しています．

　奥山をおもな生息地としているのはカモシカやニホンモモンガなどです．奥山にかぎらず里山にはイノシシやニホンザル，ムササビなどがいます．ニホンジカやキツネなどは森と草原の接点がメインの生活域です．

　近年，イノシシやニホンジカ，ニホンザルによる農業被害がめだっています．これは彼らの生息域と農地が接近しているからです．山間地では過疎化・高齢化が進み，野生の哺乳類がヒトを恐れずに活動できる状況になっています．集落全体を野生動物の侵入から守る防護網で囲い，まるでヒトが檻の中にいるような状況になっている地域もあります．

　さらに，阿蘇の草原にはハタネズミ，ススキ原や水辺のカヤ原にはカヤネズミがいます．河川をおもな生活場所としているのはカワネズミや絶滅したカワウソです．

　一方，さまざまな環境に広く適応している哺乳類もいます．その代表

はコウベモグラとタヌキです．モグラがトンネルを補修するときにできるモグラ塚は森林内や草原，農地や庭先でも見かけることができます．また，タヌキは奥山に仕掛けたカメラによく写り，都市部の庭先にも顔を出します．ただし，ヒトは熱帯から極地まで，砂漠にもジャングルにも住んでいます．これほど適応力の高い哺乳類は他にいません．

坂田拓司

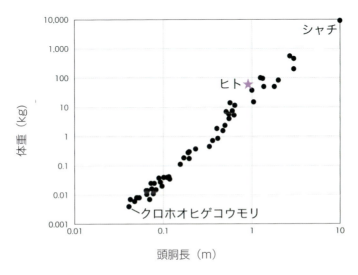

図3 熊本の哺乳類の体の大きさの比較　表1の55種のうちイヌとイエネコを除き，ヒトを加えた54種の標準的な値を示した．頭胴長とは全長から尾長を引いた値（すなわち，鼻の先から尾のつけねまでの長さ）．ただし，頭胴長の代わりにヒトでは座高，海生哺乳類では全長の値を用いた．体重では最小の種と最大の種の間には200万倍以上の差がある．さまざまな資料にもとづく．

3 哺乳類とは？

　ところで，哺乳類とは何でしょうか？　観察会などで哺乳類の話をするときには，まず「哺乳類を知っていますか？」といった基本的な質問からはじめることにしています．対象は小学生から大学院生，一般のおとなまでさまざまで，返ってくる答えもまたさまざまです．そのいくつかについて一緒に考えてみましょう．

哺乳類とは何ですか（どんな特徴をもっていますか）？
　これにはいろいろな答えがあります．もっとも多いのは「お乳で子を育てる」です．これは大正解．哺乳する動物が哺乳類です．「お腹の中で子を育てて産む（胎生）」という答えは正解ですが，例外的にカモノハシのなかま（単孔目）は卵を産みます．「体に毛がある」は哺乳類を「けもの」と呼ぶことと関係があり，「体温を一定に保つことができる」という特徴でもあるので正解です．その他の特徴としては，「小さな音を聞くことができる（耳小骨をもつ）」，「複雑な歯をもつ（異歯性）」，「大きくなると成長がとまる」，「泌尿生殖門（尿道と生殖器）と肛門が分離している」，「側頭窓が１つ」，「横隔膜をもつ」，「夜行性の種が多い」などがあります．

　このような特徴のいくつかは，私たちの祖先が長い間，夜行性だったことと関係しているという説が有力です．恐竜の時代（中生代）に生きていた哺乳類の祖先は，昼に活動する（これを昼行性といいます）恐竜を避けて夜に活動し，おもに昆虫などの小動物を食べていました．夜は暗いので視覚よりも聴覚が有利です．そこで，昆虫などが出す小さな音を聞くことができるように，音の増幅装置（耳小骨）を進化させたのです．また，全身の毛は保温性を高めるので，温度が低い夜でも活発に動くことができます．また，さまざまな食物を効率よく獲得し消化するために，切歯，犬歯，小臼歯，大臼歯という役割の異なる歯を進化させました．これは爬虫類がすべて似たような形の歯をもっていることと対照的です．

今でも哺乳類の多くの種は夜行性で，昼間は休息しています．昼行性の私たちヒトが，野生の哺乳類と出会う機会があまりないのはそのためです．

哺乳類はどこにいますか？

森にも街にも，地上にも地下にも，木の上にも，草原にもいます．それどころか，空にも，川にも，海にもくらしています．これは，哺乳類の生活のスタイルが多様で，さまざまな環境に適応していることを示しています．

哺乳類は何種いますか？

何種いるかという問いは答えるのがとても難しい問題です．生物を分類する方法は一つではなく，今でも研究者の間で議論されています．この本では，種やそれより上の分類群について，国際自然保護連合（IUCN）という国際的な団体が公表しているレッドリストを参考にしています．このリストにはヒトを含む哺乳類の全種が含まれています．それによると，2014年9月末時点で，地球上の哺乳類は27目5,513種です．齧歯目（ネズミ目）がもっとも多く2,262種，次いで，翼手目（コウモリ目）1,150種，真無盲腸目（旧モグラ目の一部）450種，霊長目（サル目）426種……となっています（図4）．

安田雅俊

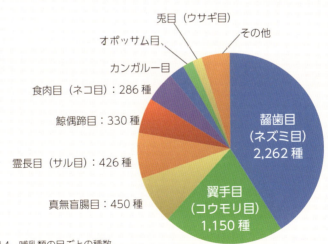

図4　哺乳類の目ごとの種数．
国際自然保護連合が公表している絶滅のおそれのある種のリスト（2014.2）にもとづく．

序章　哺乳類と生息環境　9

4 絶滅危惧種と天然記念物

絶滅危惧種

　日本には約10万種もの生物が生息しています．その中のただ1種，私たちヒト，つまりホモ・サピエンスの活動が多くの生物に多大な影響を与えています．すでに絶滅した種や，その危機に瀕している生物も増えています．

　環境省は「絶滅のおそれのある野生生物（絶滅危惧種）」をリストアップし，絶滅を回避する取り組みにつなげています．このリストは常に見直されていますが，2014年段階で3,430種が掲載されています．また，都道府県単位でもリストが作成されていて，熊本県では2014年段階で計1,591種です．なお，世界全体では国際自然保護連合（IUCN）によるレッドリストが公開されていて，2014年段階で74,107種が掲載されています．ただし，このレッドリストの掲載種は動物や植物に偏っていることと，絶滅のおそれが低い種（低懸念）が含まれていることに注意が必要です．ちなみに，私たちヒトは低懸念にランクされています．

　日本のレッドリストのカテゴリーは次のようになっています．都道府県もほぼ同様です．

○絶滅（EX）：日本ではすでに絶滅したと考えられる種
○野生絶滅（EW）：飼育・栽培下でのみ存続している種
○絶滅危惧I類：絶滅の危機に瀕している種
　・絶滅危惧IA類（CR）：ごく近い将来における野生での絶滅の危険性がきわめて高いもの
　・絶滅危惧IB類（EN）：IA類ほどではないが，近い将来における野生での絶滅の危険性が高いもの
○絶滅危惧II類（VU）：絶滅の危険が増大している種
○準絶滅危惧（NT）：生息状況の変化によっては絶滅危惧種に移行する種
○情報不足（DD）：評価するだけの情報が不足している種
○絶滅の恐れのある地域個体群（LP）：地域的に孤立している個体群で，

絶滅のおそれが高いもの

天然記念物

　国は生物や自然・景観なども含む日本の貴重な文化を保護・継承するために，文化財保護法を定めました．そして保護すべき美術工芸品や建造物などは重要文化財に指定し，とくに価値の高いものを国宝にしています．同様に生物は天然記念物，特別天然記念物に指定されています．

　天然記念物に指定されている哺乳類はヤマネやオガサワラコウモリ，ジュゴンなど，特別天然記念物はカモシカやイリオモテヤマネコ，アマミノクロウサギなどです．

　重要文化財と天然記念物は同列なので熊本城の建造物とヤマネは同じ重要性があると言えます．さらに国宝と特別天然記念物は同列なので，奈良の法隆寺とカモシカは同じ重要性があると言えます（図5）．

　なお，県単位でも指定されており，熊本県ではベッコウサンショウウオや久連子鶏が天然記念物に指定されています．　　　　　　　　坂田拓司

※熊本県では独自に要注目種（AN：現在必ずしも絶滅危惧のカテゴリーに属しないが，存続基盤が今後変化および減少することにより，容易に絶滅危惧に移行し得る可能性が高い種）を設定しています．

図5　国宝の法隆寺五重塔（左）と特別天然記念物のカモシカ（右；水上健太　画）．

序章　哺乳類と生息環境

5 脊梁の天然林

　熊本県の東部，大分県や宮崎県との境付近には，標高1,000 m を超す九州山地が南北に連なっています．まるで背骨のようなので「脊梁」と呼んでいます．この地域は気温が低く，本州北部と共通する植物が多く生育しています．

　ここの森を代表する樹木がブナやミズナラです．高さが25 m，幹周りが4 m に達する巨木になります．また，カエデ類も多く生育し，秋には鮮やかな紅葉を見せてくれます．これらは夏に葉を茂らせ冬に葉を落とす落葉樹なので，落葉広葉樹林とか夏緑樹林と呼ばれます．

　落葉広葉樹林では，木々の葉が広がることにより光環境が季節的に変わります．さまざまな植物はその変化に合わせた生活スタイルを確立しています．たとえば可憐な花を咲かせるフクジュソウやカタクリは，早春から木々が葉を茂らす前までの短い間に葉を広げ，1年分の栄養を蓄

図6　健全なスズタケの生育地．白鳥山（熊本県八代市）にて2014年8月12日撮影．

えます.

　ブナの森ではササのなかまのスズタケが密生する場所があります. しかし, 地域によっては他の植物が繁茂している場所もあり, 多様な植物が生育しています. このことは昆虫や鳥類, 哺乳類などの多様性にもつながっています. 多様な動物が生きていくためには, その食物となる多様な植物が必要です. それらが豊かにある場所が脊梁の天然林なのです.

　ところが, 脊梁の落葉広葉樹林は20年ほど前から大きく変化しています. ニホンジカが増えて森林内の植物を食べつくしているのです. 図6は本来のスズタケ生育地, 図7は食害を受けた生育地です. ニホンジカの口が届く範囲にはほとんど葉が残っていません. 近年は脊梁のみならず, 標高がより低い地域でもこのような被害を受けている森が増えています. 植物がなくなると, 食物連鎖によってつながっている他の生物も大きな影響を受けます. このままの状態が続けば, 次世代となる若い木が育たず, 森そのものにも影響がでることになりかねません. ニホンジカによる食害について, 総合的でかつ早急な対策が必要とされています.

山下桂造

図7　食害を受けたスズタケ. 白鳥山（熊本県八代市）にて2014年8月12日撮影.

6 里山の変化

「里山」という言葉を聞いたことがありますか？ 里山とは，手つかずの自然と都市や集落の間にある，さまざまな人間活動の影響を受けてきた山（森林）のことです．私たちの身のまわりにふつうにある，かつて生活のために柴刈りをしたり，薪をとったり，炭を焼いたりしてきた場所が里山です．熊本市内であれば立田山や金峰山がその典型です．

人間が手を加えてきた「里山」に対して，手つかずの森林のことを「奥山」と呼びます．しかし，古くから人間がくらしてきた九州には，脊梁のごく一部を除き，奥山と呼べるような森林は残っていません．

生態学では，伐採や火事といった撹乱を受けていない森林を「一次林」，なんらかの撹乱を受けて再生した森林を「二次林」と呼びます．つまり，奥山は一次林，里山は二次林です．一次林を原生林と呼ぶ人もいます．

人間が手を加えてしまったら，その自然を守る価値はないと思う人がいるかもしれませんが，それは間違いです．環境省によれば，日本の絶滅危惧種の動物が5種以上生息する地域の49％，絶滅危惧種の植物が5種以上生育する地域の55％は里山です．里山は生物多様性の宝庫として，守るべき価値がある重要な場所なのです．

里山にはけっこう多くの哺乳類がくらしています．昔話の「かちかち山」にも出てくるタヌキやウサギは里山の哺乳類の代表です．でも，彼らは夜行性なので，昼行性の私たちが出会う機会はなかなかありません．

かつて人間は里山をおおいに利用していました．今はガスや電気で炊事をしますが，1960年代頃まで家庭の燃料はおもに薪や木炭といった木質燃料でした．木炭は薪とくらべて軽いので，遠くまで運ぶのに便利な燃料でした．

熊本県内だけで，最盛期には毎年5万トンの木炭が生産され，県外にも売られました（図8）．そのために年間2,000〜3,000 haの森林が伐採されたと推計されます．今から80年前の1935年，県産木炭の産地は球磨（生産量の55％），天草（15％），芦北（8％），その他（22％）でした．

木炭生産のために伐採された森林はどうなったのでしょうか？ 日本

の多くの樹種は,幹を切り倒しても根は生きていて,切り株から新しい枝を伸ばし,再生することができます.これを萌芽（ほうが）といいます.萌芽した木は数十年かけて木炭にするのにちょうどよい大きさに成長します.里山は伐採→萌芽→伐採を繰り返しながら,長年維持されてきました.

ところが,1950〜60年代におきたエネルギー革命によって,おもな燃料が木質燃料から化石燃料に変わったことにより,木炭の消費は大きく減少しました.すると里山は利用されなくなり,スギやヒノキなどが植えられた人工林になったり,開発されて宅地になったりしました.里山のまま残った二次林は数十年かけて木が大きくなり,立派な森林が再生してきたところもあります.このように,里山は過去50年間で大きく変化してきた環境なのです.　　　　　　　　　　　　　　　　安田雅俊

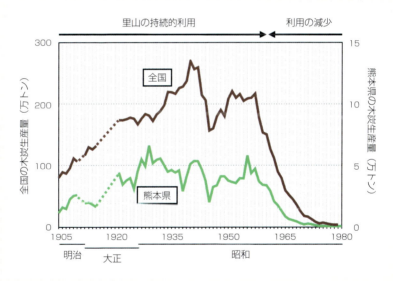

図8　時代によって変わる木炭の生産量.戦後,家庭で使われる燃料がガスや電気などに切り替わるにつれて木炭の生産量は激減した.木炭生産は里山の持続的利用と大きく関係している.資料：日本木炭史（1960）,熊本県木炭史（1981）.

7 河川環境の変化

　河川にくらす哺乳類としてカワネズミや絶滅したカワウソなどがいます．彼らの生息環境である河川はどのように変化してきたのでしょうか．
　人は川の水を生活や農業，工業などさまざまな目的に利用します．一方で，たくさんの雨が降って洪水になれば，人の生命や財産にも影響があります．人は，使う水の利便が良いよう，または水があふれないよう，さまざまな改変を川に対して行ってきました．
　河川環境がどのように改変されてきたのかについて，球磨川水系を対象に調べてみました．球磨川は長さ 115 km，流域面積 1,880 km^2 の熊本県最大の河川です．
　古い地図や写真，地元の人たちからの聞き込みによって昔の川の情報を集め，地図に載っている川をすべて歩きました．そして，どこの岸がコンクリートになって，小さなものを含めてどこにダムがあるかを調べました．
　その結果，この水系だけで 1,000 を超えるダムなどの河川横断工作物があることがわかりました．折れ曲がって蛇行していた川がまっすぐに変えられてしまう，という改変が多くの場所でおこったこともわかりました．とくに球磨川中流部の人吉盆地の中で本流に注ぎ込む小さな支流は，以前はどの川も蛇行を繰り返す川でした．周りはおもに農地です．1960〜1980 年に行われた農地の整備のときに川は直線化され，岸はコンクリートで覆われました．現在，小さな川でかつての蛇行を残す場所は，人吉盆地の中にただの 1 ヶ所も残っていません．
　これによりもっとも影響を受けた生物として，「シビンチャ」と呼ばれるタナゴのなかまがあげられます．タナゴはドブガイやマツカサガイといった二枚貝に卵を産み付けます．これらの二枚貝も，今ではほとんど見ることができません．昔のことを地元の人に聞くと，子ども時分，「今日はシビンチャしか採れなかった」ということはあっても「シビンシャすら採れない」ことはなかったそうです．
　二枚貝は洪水時でも流れがよどむ場所がないと生きていけません．洪

水のときに水がいっきに流れるようになった直線的な川では，二枚貝やそれに卵を産むタナゴのなかまは生きていけなかったのだと思われます．しかし，人吉盆地の中で二枚貝やタナゴが残っている場所を数ヶ所だけ見つけることができました．そこも昔は蛇行する川でした．

　今，その川でいろいろ調べています．直線化された川で二枚貝やタナゴが生きていける理由がわかれば，他の川でも，かつて生息していた生物を取り戻せるかもしれないと思うからです．絶滅してしまったカワウソはもう戻りませんが，河川の生物多様性を回復することは地域の生物多様性の保全に重要なのです．　　　　　　　　　　　　　　一柳英隆

図9　人吉盆地に生息するタナゴのなかま2種．アブラボテ（上）とカゼトゲタナゴ（下）．

I. 解説編

ようこそ生物多様性の世界へ

　私たちの町や村にも，山の奥にも，じつに多くの哺乳類が，私たちヒト（人）となんらかの関係をもち，さまざまな影響を受けてくらしています．彼らはどのように日々をくらし，ヒトとどのような関係にあるのでしょうか．ここでは，熊本の哺乳類をさまざまな角度から紹介します．陸や海にくらす野生の哺乳類だけでなく，ヒト，阿蘇の草原のウシやウマ自然とかかわりのある熊本の文化などについてもとりあげます．絶滅危惧種や生物多様性，外来種といった解決が難しい問題についても現状を伝えます．でも，いちばん伝えたいのは，「自然を調べてみると，今まで気づかなかった，じつにさまざまな発見や驚き，感動があり，すべてはそこからはじまる」ということなのです．

第1章　鯨偶蹄目（旧ウシ目）
カモシカ・ニホンジカ・イノシシ

　鯨偶蹄目とは聞き慣れない名前ですが，これは旧来の偶蹄目（ウシ目）と鯨目（クジラ目）をまとめた新しい分類群です．近年，遺伝情報の解析が進歩し，両者の間が思いのほか近縁であることがわかり，1つの目としてまとめられました．鯨偶蹄目は地球上から330種が知られています．

　第1章では，これらのうち陸上にくらす種（偶蹄類）をとりあげます．偶蹄類とは"偶数のひづめ"をもつ動物という意味です．世界から243種が知られており，日本にはカモシカ，ニホンジカ，イノシシの3種が自然分布しています（これを在来種と言います）．これら3種すべてが熊本県内でみられます．また，在来種ではありませんが，阿蘇に放牧されているウシも偶蹄類です．

　一方，"奇数のひづめ"をもつ哺乳類を奇蹄目（ウマ目）とよびます．

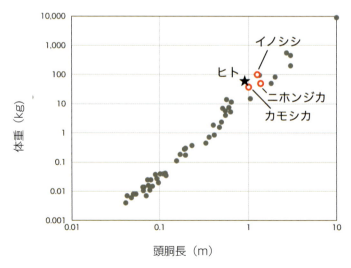

図10　熊本の鯨偶蹄目3種の体の大きさ．カモシカ，ニホンジカ，イノシシは大型種であり，大きさはヒトに近い．

20　Ｉ．解説編

ウマやシマウマなどを含みます．偶蹄類とくらべて奇蹄目の種数は少なく，地球上に現存するのは16種にすぎません．日本に在来種はいませんが，野生化したウマ（在来馬）が宮崎県都井岬などにいます．

　まず，カモシカとニホンジカを対比しながらみていきましょう．これら2種はどちらも名前にシカがつき，外見（形態）もよく似ていますが，カモシカはウシ科，ニホンジカはシカ科と分類が異なります．

　カモシカは日本固有種で本州，四国，九州に分布しますが，北海道には分布しません．一方，ニホンジカは北海道，本州，四国，九州と周辺の島々だけでなく，中国からベトナムにかけて広く分布します．

　体重については，九州のカモシカは30〜45 kg，九州のニホンジカは30〜50 kgと同程度です（図10）．九州産のニホンジカは本州の個体群とくらべて体が小さいという特徴がありますが，カモシカにはそのような地域差があまりありません．性的二型（雌雄差）はカモシカではほとんどなく，ニホンジカでは顕著です．

　形態的な大きな違いは角です（図11）．ウシ科の種では雌雄ともに角をもち，その角は生えかわることなく一生伸びつづけます．角は後方に曲がった円錐形で枝分かれしません．一方，シカ科のほとんどの種では，雄だけが毎年生えかわる枝分かれした角をもち，雌は角をもちません．

図11　カモシカ（左）とニホンジカ（右）．体型や角の形，足の長さなどの違いに注目（水上健太 画）．

第1章　鯨偶蹄目（旧ウシ目）

カモシカとニホンジカは草食性です．4つの胃をもち，反芻することで，草や木の枝葉，ササといった消化しにくい食物を効率よく利用できます．そのため両者は食物を介して競合する関係にあります．
　ところが，生態は大きく異なります．カモシカは一夫一妻ですが，ニホンジカは一夫多妻です．カモシカはほぼ2年に1回1子を，ニホンジカはほぼ毎年1子を出産します．カモシカは単独でくらしますが，ニホンジカは群れをつくります．群れをつくるということは，生息密度が高くなりやすいということです．昨今，ニホンジカが日本各地で大きな問題となっていますが，それは生態系や農林業に大きな悪影響を与えるほどに生息密度が高くなりすぎたためです．
　九州内の個体数をみると，カモシカは800頭ほどで絶滅のおそれのある種ですが，ニホンジカは数十万頭もいて毎年6万頭以上が捕獲されています（図12）．
　イノシシはイノシシ科の動物です．ユーラシアに広く分布し，日本では本州，四国，九州，南西諸島に分布します．性的二型があり，雄は雌より大きく，雄では体重が50〜150 kgになります（図10）．雑食性で，植物だけでなく，昆虫，ミミズ，カエル，ヘビなどを食べます．反芻は

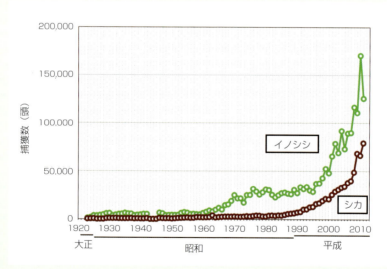

図12　九州におけるニホンジカとイノシシの捕獲数（1923〜2011年度）．資料：鳥獣関係統計ほか．

しません．通常，年1回繁殖しますが，春と秋に2回出産することもあります．1回の出産での産子数が多い（平均4子）ため，条件がよいと個体数が急激に増加し，農作物に大きな被害をもたらします．九州内の個体数は不明ですが，毎年10万頭以上が捕獲されています（図12）．

安田雅俊

8 カモシカとはどんな動物か

　カモシカを簡潔に紹介すると「山岳地帯で単独行動をする，特別天然記念物に指定されたヤギのなかま」です．シカのなかまではありません．

ヤギのなかま
　みなさんは熊本市動植物園に行ったことがありますか？　カモシカは飼育されていませんが，ふれあい動物コーナーで近縁のヤギを間近に見ることができます．ヤギは雌雄ともに角が生えていて（品種による），木や草の葉を食べています．そして，ときどき砲弾型の糞をポロポロ出します．これらの特徴はカモシカも同じです．九州のカモシカでは，体重は中型のヤギと同じくらいで，30〜45 kg です．

特別天然記念物
　国は学術上価値の高い動植物などを天然記念物に指定しています．その中でもとくに重要なものは特別天然記念物として，重点的に保護しています．カモシカは日本だけに分布する固有種であるとともに，ウシ科のもっとも原始的な姿を残している生きた化石といえる珍しい動物です．学術的な貴重さから，中国から提供されたパンダの返礼として，カモシカのペアが贈られています．

山岳地帯で単独行動をする
　カモシカは縄張り内を単独で行動します．これは森林での生活様式として獲得した特徴です．シカなどの群れ生活をする他の草食動物たちとの生存競争に敗れ，氷河期に大陸から日本へと渡り，さらに平野から山地へと追いやられたと考えられています．
　また，カモシカは雌雄ともに縄張りをもちます．目の下に眼下腺と呼ばれる器官をもち，ここからの分泌液をめだつ場所にこすりつけて縄張りの目印とします．食事やトイレ，休息などはすべてその縄張りの中で行います．同性の縄張りは重なることはありませんが，雌雄の縄張りは

重なります．そこで雌雄の出会いがあるのです．しかし，つがいの異性に対しても繁殖期以外はあまり近寄りません．「孤高を好む森の仙人」なのです．

カモシカのような？

　ニホンジカはスラリとした体型ですが，カモシカの足は短めで体型もズングリタイプ．さらに体毛も長めなのでお世辞にもスタイルがいいとは言えません．ところが，ほっそりしたステキな足を「カモシカのような」という表現をすることがあります．これは，カモシカを漢字で「羚羊」と書くことが原因です．訓読みで「カモシカ」，音読みで「レイヨウ」です．レイヨウは英語でアンテロープを指し，アフリカの草原を駆け抜けるインパラやガゼルなどの総称です．それらは体形も脚もスラリと格好よくて，美しい動物です．「羚羊」の語が中国から日本に入ってきたとき，アンテロープがいない日本ではカモシカのことを示す言葉となりました．「カモシカのような」ではなく，「インパラのような」という表現だったら，誤解を与えることはないかもしれません．　　　坂田拓司

図13　日本のカモシカとアフリカのレイヨウの一種（ジェレヌク）の比較．「カモシカのような足」とは「アフリカのレイヨウのような足」のことである．

9 カモシカとヒトの関係

 カモシカとヒトの関係は時代とともに大きく変化してきました．それをたどってみましょう．

受難期
 カモシカはニホンジカやイノシシなどともに古くから狩猟の対象でした．明治以降，殺傷能力の高い鉄砲が山村にも普及するようになると，野生動物が減少しはじめました．カモシカも狩られすぎて「幻の動物」となり，1925（大正 14）年の「狩猟法」では狩猟獣から除外され，1934（昭和 9）年，国の天然記念物に指定されました．しかし，山村では生活のための密猟はふつうのことでした．

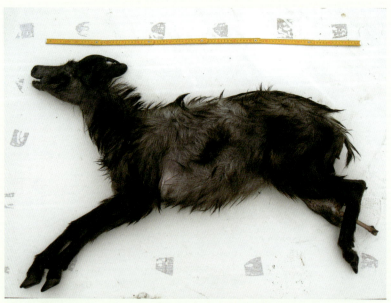

図14 カモシカの死亡個体．右の後足のひざから下の骨が露出している．おそらく，くくり罠による被害であろう．熊本県湯前町にて 2010 年 2 月 25 日撮影．

26 I．解説編

絶対保護期

　1950年に「文化財保護法」が成立し，1955年に特別天然記念物に昇格指定されました．国はカモシカの保護思想の啓発に力を入れると同時に，密猟の取り締まりを強化し，「カモシカは撃てない動物」という認識が広まりました．

増加期

　1950年代から日本は高度経済成長期に入ります．住宅建築用木材の需要増加に伴い，奥山でも天然林の伐採とスギやヒノキの大規模な造林が進められました．新しい造林地では下草がいっせいに成長し，ニホンジカやカモシカにとって好みの餌が豊富に用意されたのです．カモシカは個体数を回復しはじめました．1970年代に入ると，東日本の生息地で増えすぎたカモシカによる植林木や農作物への食害が広がり，社会問題となりました．ただし，もともと数の少ない九州ではそのような問題はほとんどおきていません．

保護管理期

　このような状況を受け，1979年に当時の文化庁（天然記念物担当）と環境庁（野生動物担当）および林野庁（森林管理担当）は，それまでの絶対的保護の政策を転換することにしました．その内容は，①保護地域内では生息環境も含めて個体群を保護する，②保護地域外では状況に応じて個体数の調整（捕獲）を行う，というものです．全国に15ヶ所の保護地域が計画され，現在まで四国と九州を除く13ヶ所で設定が完了しています．

　しかし，九州ではカモシカの生息地に多くの民有林を含み調査に時間を要するなどのさまざまな難しさから，保護区の設定が遅れていました．その後，保護管理体制そのものの見直しや，1990年代半ばからカモシカが激減したこともあり，作業は中断したままです．九州のカモシカを絶滅から守るための新しい仕組みを考えていかなくてはなりません．

坂田拓司

10 カモシカはどこに何頭いるの？

　カモシカを保全するためには，まずどこにどれだけ生息しているのか，その生息環境はどうなっているのかを知らなくてはいけません．そのために文化庁は継続的に調査を行っています．調査は2年間にわたる特別調査と次の特別調査までの約6年間をカバーする通常調査からなります．また，カモシカが生息している地域を含む都府県にはカモシカ保護指導委員（熊本県2名）と，生息地の状況に詳しい通常調査員（熊本県15名）が任命されています．九州の生息域は熊本・大分・宮崎の3県にまたがっている地域が多いので，常に3県で協議をしながら調査方針や方法の検討，報告書の作成を行っています．

　九州のカモシカ調査は九州大学の研究者が先鞭をつけ，「幻の動物」の生息状況をあきらかにする調査内容と方法が確立されました．その

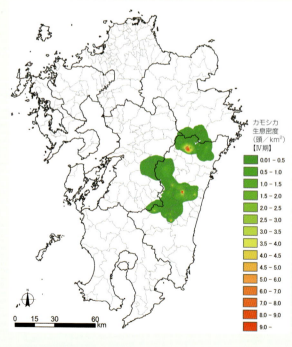

図15　九州におけるカモシカの生息密度の分布．九州山地カモシカ特別調査報告書（2013）にもとづいて作成（岩切康二）．

後1980年代に3県で調査が行われ、分布域が把握されました。熊本県では高森町の県境一帯、山都町内大臣渓谷から八代市泉町五家荘の一帯、水上村市房山、多良木町槻木一帯です（図15）。また、生息密度の推定には糞塊法が採用されました。

野生動物の密度推定には直接数える方法や、足あとや糞などの痕跡から推定する方法などがあります。九州の山地は標高1,000 m未満の地域では新葉が開いたあとで前年の葉を落とす常緑広葉樹林、1,000 m以上の地域は冬に葉を落とす落葉広葉樹林です。常緑広葉樹林は一年中葉が茂っていますし、落葉広葉樹林は広い範囲で高さ2 mを超すスズタケが密生していて※、見通しが利きません。動物を直接探す区画法では姿を見落としてしまうのです。

そこで、落ちている糞を数えて推定する方法（糞塊法）が開発されました。原理は「生息数が多ければ落とし物も多くなる」です。なお、ニホンジカとカモシカの糞はともに俵型で大きさも変わらず区別がつきませんが、ニホンジカがパラパラと出すのに対して、カモシカは数百個をしゃがんで出すので塊状になります（図16）。

特別調査の現地調査はこの糞塊探しをメインとし、調査地の生息環境（植生や地形、土地利用など）も調べます。特別調査はこれまでに4回実施されています。

坂田拓司

※近年、増加したニホンジカによってスズタケは食べ尽くされ、ほとんどの場所でなくなってしまいました。今の林床はスカスカです（第5話参照）。

図16 カモシカの新しい糞塊。調査でカモシカの糞塊をみつけたときの喜びはひとしお。2003年撮影（歌岡宏信）。

11 九州のカモシカの現状とこれから

　これまでの特別調査の結果から推定された，九州におけるカモシカの生息頭数の推移を図17に示します．
　九州のカモシカは1990年代半ばに約2,200頭と推定されていました．その後，生息範囲は標高の低い地域に広がりつつ，密度は大幅に低くなりました（図17）．第2回から第3回の特別調査にかけてカモシカの生息頭数は3分の1以下になっています．第4回の特別調査の生息頭数はややもち直していますが，誤差の範囲にとどまっています．九州のカモシカは2000年代以降，絶滅の危機に瀕しているのです．とくに熊本県内における状況は厳しく，第4回特別調査では推定頭数が50頭程度になっています．
　原因は何でしょうか．密猟？　病気？　……たしかに肉が持ち去られ頭部と皮のみが残された死体がみつかることや，疥癬という皮膚病（図18）にかかった個体が保護されることもあります．
　しかし，最大の原因は食物がなくなっていることです．以前は人が容易に近寄れない奥山には，カモシカの安定した生息域がありました．戦

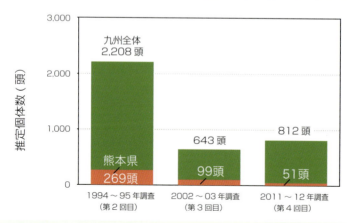

図17　カモシカの推定個体数の変化．熊本県内のカモシカは減少傾向が著しい．九州山地カモシカ特別調査報告書（2013）にもとづく．

後の高度経済成長期，森林伐採によってシカの生息適地である草地が一時的に広がりました．それまで狩猟によって数を減らして保護されていたニホンジカが徐々に増えはじめ，1990年代に入ると爆発的に増加しました（第17話）．

現在，九州の奥山は増加したニホンジカの食害によって林床の植生が貧弱になっています．ニホンジカの嫌う一部の植物を除いて，生葉のみならず樹皮や根，落ち葉までも食べられています．食物を求めて人里で作物を荒らしたり，植林された苗を食べたり，人の生活にも大きな影響を与えているのです（第18話）．

カモシカは自分の縄張り内で活動し，食物をめぐりニホンジカと競合します．ニホンジカの増加で餌不足になってもなかなか縄張りを出ようとはしません．仮に縄張りの外に出ても食べられる植物はすでにニホンジカに食い尽くされています．これが九州のカモシカの低標高化と低密度化の主要因と考えられます．この結果，個体群がバラバラになって雌雄の出会いもなくなれば，今後の世代が維持できません．

つまり，奥山の植生を回復させて豊富な食物資源を用意し，本来の生息地にまとまった個体群を成立させることがカモシカの絶滅を回避させることにつながります．そのためにはニホンジカを何とかしなくてはなりません．このことは第19話に述べています．いずれにせよ，この状況を招いたのは私たち人間の経済活動なのです．バランスの取れた奥山の生態系を取り戻すことに，私たちは責任をもたねばなりません．

坂田拓司

図18　疥癬で死亡したカモシカの頭部．宮崎県高千穂町にて2013年12月20日撮影（安田雅俊）．

12 野生のカモシカを激写！

　緊張で手が震える……．調査でこのようなことが起こるのは，めったにお目にかかることができない生きものに出会ったときです．
　2006年3月3日，私は初めて野生のカモシカに出会いました．
　この日は朝からカモシカの調査のために，なかまたちと山都町の奥深い山に来ていました．途中の道路が前年の大雨のせいで壊れていて，車で移動することができず，調査地近くまで歩いて向かっていました．雪が少し積もっていましたが晴天で風もなく，冷たく新鮮な空気を吸いながらのんびり歩いていたことを覚えています．
　突然，なかまの一人が低い押し殺した声で先頭の私を呼び止めました．「あっ，あそこに……カモシカが……」と指差します．
　その方向は，低木がまばらにはえた沢に近い斜面でした．
　「え？　どこ？」
　私はすぐに見つけることができず，一瞬戸惑いました．
　しかし，よく見ると約20m先の木立の中にカモシカがいるではありませんか！　カモシカは直立不動の姿勢で顔だけを私たちの方に向けています．こちらに気がついて警戒しているようすでした．
　私たちは思わず身も心も固まりました．こちらがうかつに動けば，カモシカはすぐに逃げだしてしまいそうです．しばらく人とカモシカのにらみ合いが続きました．その場のみんながカモシカの姿を写真にとりたいと思いましたが，すぐ取り出しやすい場所にカメラを収納していたのは私だけでした．
　カモシカを刺激しないようにゆっくりと手を動かしてカメラを構えました．手前の立木が邪魔でなかなかピントが合いません．カメラの設定を変更しようとしますが，緊張のあまり指が震えてなかなかうまくできません．
　試行錯誤するうちにやっとピントが合いシャッターを切りました．次の瞬間，カモシカは動き出し，ゆっくりと森の奥へと消えていきました．けっきょく，正面からアップで撮影に成功したのは1枚だけでした（図

19).その1枚は,後日,熊本県のレッドデータブック2009に採用されるというとても貴重なものとなりました.

約20年前から調査に関わっている先輩であってもカモシカの姿を見たことがないという方がたくさんいました.2回目の調査でいきなりカモシカに遭遇して写真を撮影することまでできた私は,とても幸運だったと思います.

ちなみにその後は,カモシカにまったく出会うことができません.私は自分がもっている一生分の「カモシカ運」をすべて使い果たしてしまったのでしょうか? それともカモシカの数が減ってしまったのでしょうか?

田上弘隆

図19 激写したカモシカ.熊本県山都町にて2006年3月3日撮影.

13 カモシカを「自動撮影」する

　九州ではカモシカの生息密度が低下したため，これまで使われてきた糞塊法(ふんかいほう)（第10話）で個体数を推定することが難しくなっています．そこで私たちは，2012年から森林総合研究所の調査研究の一環として，熊本県と宮崎県で自動撮影カメラによるカモシカの調査をはじめました．これまでの約3年間の調査で300枚を超えるカモシカの写真や動画を得ることができ，この地域のカモシカの状況が徐々にあきらかになってきました．

　使用機材は市販の日本製と外国製の自動撮影カメラです．日本製は防水デジタルカメラを改造したもので，ひじょうに高精細なカラー写真を得られるため個体識別に有効ですが，動画を撮影する機能はありません．一方，外国製は，写真はイマイチですが，動画を撮影できるため行動観察に有効です．ただし，夜間は白黒画像になります．

　これらの機材を使った自動撮影調査を開始した当初はどこにカモシカがいるのかまったく見当がつきませんでした．そこで，2011〜2012年度の特別調査でみつかったカモシカの糞塊の分布や地元の方の目撃情報を参考にしながら，約20台のカメラを山中に設置し，毎月見回りをしてきました．

　私たちの調査でわかったことは，カモシカの分布が変化してきているということです．標高が500〜1,000 mの場所では比較的よく撮影でき，集落の裏山で撮影されたこともありました．ところが，標高1,000 m以上の場所ではほとんど撮影できませんでした．かつてカモシカは奥山にしか生息せず，幻の動物と言われていましたが，今では里山の動物になってしまったようです．

　この変化はカモシカにとって好ましいとはいえません．なぜなら，カモシカの死亡率を高めているかもしれないからです．里山や集落周辺には，農作物を食べてしまうイノシシやニホンジカを駆除するために，たくさんの罠(わな)が仕掛けられています．このような罠のうち「くくり罠」にカモシカがかかる「事故」が，私たちに連絡があったものだけでも，こ

の2年間に2回ありました．2回ともカモシカは発見時に生きていたので，人間が罠をはずして逃がしました．ニホンジカでは，くくり罠による負傷が原因で死亡する事例が数多く報告されています．カモシカでも同じことが起きないとは言えません．

　今年2015年は，カモシカが国の特別天然記念物に指定された1955年から60周年の節目の年です．私たちは，従来からのカモシカの糞塊調査に，新たに自動撮影調査を組み合わせることで，九州のカモシカのよりよい保全を目指していきたいと考えています．

安田雅俊・八代田千鶴

図20　標高900mの地点において自動撮影カメラで撮影したカモシカ．宮崎県高千穂町にて2012年10月8日撮影．

14 カモシカ調査と熊本野生生物研究会の30年

　熊本野生生物研究会（以下，熊野研）はカモシカ調査隊の結成をきっかけに1985年に発足しました．中園敏之さんと高添　清さんが中心メンバーでしたが，2人とも高校の生物教師であったことがこの会の特性を作りあげました．野外での調査研究だけではなく，体験したことを教育に生かすことを重要視したのです．

　カモシカ調査ではふだん入ることのない奥山に分け入ります．事前の十分な準備と体力，チームワークが要求されます．約1週間，寝食を共にしますからなかま意識も高まり，自然を見る目も養われます．

　ブナの大木が林立する緑鮮やかな森，可憐なヤマシャクヤクのお花畑，ガンの特効薬と教えてもらったサルノコシカケ，コバルトブルーに輝くシーボルトミミズなど，さまざまな自然や生物との出会いがあります．急流をずぶ濡れで渡ったり，急斜面に足がすくんだり，生い茂ったスズタケの中をもがきながら進んだり……．スズメバチの襲来やマムシに咬まれるという状況もありました（第96，97話）．民宿では蜂の子やイワタケなどを初めて味わいました．調査地を案内される地元の猟師さんたちの知識や体験談も，興味深いものでした．

　カモシカの生息状況を調べるという本来の目的だけでなく，これらを体験できることがカモシカ調査の大きな意義です．さらにこれらの体験や学びを日頃の授業や会話で生徒たちに伝えると，その瞳が輝きます．みずからの感動を伝えることが，次の世代の興味や関心を呼び起こすことになります．

　みずからが積極的に自然に分け入り，その体験や感動を生徒に伝えようという気運は，アフリカの野生動物にも向かいました．熊野研発足から6年目に当たる1991年のことです．その1年前から周到な準備を進め，16名が熊本空港を飛び立ちました．

　ヌーの大群の横に寝そべるライオン，蜃気楼の中を歩くキリン，湖を埋め尽くすフラミンゴ，ゾウの糞を転がすフンコロガシ，サバンナの地平線に沈むオレンジ色の太陽……．動物や自然の姿に加えて，初めて食

べたワニの肉，搭乗した瞬間にスパイスの香り漂うインド航空の機内，土産に買ったキャッツアイ（宝石）がじつはプラスチックだった！　など，さまざまな体験をしました．

帰ってからは写真やビデオ映像を使った教材を作りました．当時は珍しかったコンピュータ教材にもチャレンジしました．さらに地元紙での連載や，動植物園でのパネル展示などで一般市民へも私たちの感動を発信し，大きな反響がありました．

これらの経験を積むことで野外での体験やそこから得られる感動の大切さを学び，熊野研の活動に対する理解が深まります．そして，次の活動への期待やみずからの調査研究の意欲が湧いてくるのです．このようにしてカモシカ調査を主軸にした熊本野生生物研究会の活動は 30 年にわたって継続してきました．　　　　　　　　　　　　　　　　坂田拓司

図 21　ケニアでのサファリのひとこま（1991 年 8 月）．アフリカを体験し，野生動物に感動した．

15 糞に集まる昆虫たち

　カモシカやニホンジカなどの大型哺乳類の生息数を調査する方法の一つに，糞塊法があります（第10話）．これは，調査地で設定した区画内にある糞塊の数や状態によって，その調査区内の生息数を調べるものです．この糞塊法を用いて調査するさい，糞の状態に影響を与えるものとして，気温などの無機的環境要因以外に，いわゆる"糞虫"と呼ばれる昆虫たちがいます．

　糞虫とは，ハエ類やコウチュウ類など糞に集まる昆虫の総称です．その中でも，動物の糞（おもに大型哺乳類の糞）に集まりそれらを利用する一部のコガネムシ科やセンチコガネ科，マグソコガネ科の昆虫を食糞性コガネムシと呼び，世界で約5,000種，日本からは約150種が知られています．これら糞虫は，糞の利用の様式により「棲み込み屋」，「穴掘り屋」，「転がし屋」の3タイプに大きく分けられ，いずれのタイプも林内の糞の分解消失に大きく関係していると考えられています．

　それぞれのグループについて，少し紹介しましょう．まず棲み込み屋は幼虫・成虫ともに地上の糞を利用するグループで，糞を食べながらもぐっていくため糞の風化を速めます．次に穴掘り屋は成虫が繁殖期に幼虫の餌となる糞を確保し，地面に穴を掘って地中に糞を埋め込み産卵するグループで，地上からの糞の消失に影響します．また転がし屋は成虫が地上の糞を球状にして転がしトンネル内へ運び移動させるグループで，糞の消失に影響しますが，日本ではほとんど記録がありません．

　2011年9月に行われた第4回カモシカ特別調査においても，発見されたカモシカの糞塊から複数の糞虫が採取されました．種を調べたところ，カモシカの糞を利用していたのは，オオセンチコガネ，センチコガネ，ツノコガネ，クロマルエンマコガネ，エンマコガネ属の一種の計5種でした．ちなみに，ここにあげた種は，この調査において発見されたもののみで，もっと多くの糞塊を調べれば，さらに多くの種がみつかることは間違いありません．

　糞虫たちがいるおかげで，糞や動物の死骸がすばやく解体され分解さ

れて，土に還っていきます．糞虫たちは，自然界の物質循環においてひじょうに重要な役割を果たしている生物ですが，私たちのように糞を用いて哺乳類の調査を行う立場の人間からすると，「もう少し長く糞を残しておいてくれ～！」と言いたくなるのです． 免田隆大

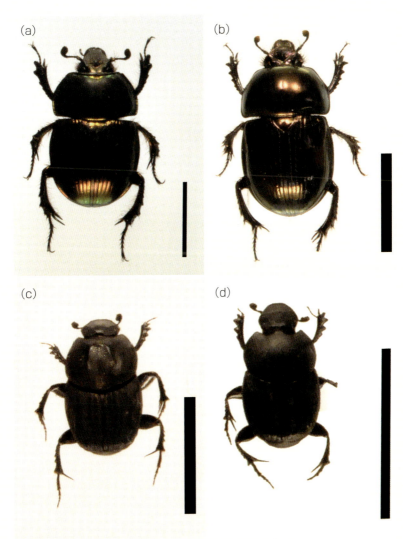

図22 糞塊からみつかった糞虫．(a)オオセンチコガネ，(b)センチコガネ，(c)ツノコガネ，(d)クロマルエンマコガネ．スケールは1 cm．

16 ニホンジカのくらし

　シカのなかまは，鯨偶蹄目シカ科に属する哺乳類で，世界各地に56種が生息しています．そのうち，日本に生息しているのがニホンジカです．「ニホンジカ」と聞くと，日本の固有種と考えてしまう人も多いと思います．ニホンジカの学名は *Cervus nippon*（セルブス・ニッポン）ですから，まさに「日本のシカ」を意味しています．けれども，ニホンジカは日本だけではなく，ベトナムから中国，ロシアの沿海州にかけて生息していて，夏毛の「鹿の子模様」が美しいシカとして愛されています（図23）．現在は13の亜種に分類されていて，日本にはエゾシカ（北海道），ホンシュウジカ（本州），キュウシュウジカ（四国，九州），ヤクシカ（屋久島），マゲジカ（馬毛島），ケラマジカ（慶良間列島）の6亜種が生息しています．熊本の亜種は，キュウシュウジカです．

　ニホンジカはさまざまな環境に適応して広く生息しているので，地域によって大きな違いが見られるのが特徴です．たとえば，成獣雄の冬の体重は，キュウシュウジカが約50 kgなのに対して，エゾシカでは約120 kgと2倍以上も違います（図24）．

図23　ニホンジカの親子．夏毛の白い模様が美しい．

シカは4つの胃をもつ反芻(はんすう)動物で植物を食べます．さまざまな環境に生息しているので，1,000種類以上もの多様な植物を食べることが知られています．角は雄にしかなく毎年生えかわります．3歳以上になると4尖(せん)（3ヶ所で枝分かれして尖ったところが4ヶ所）の立派な角をもつ個体があらわれるようになります．角の大きさは栄養状態を反映しています．繁殖期の10月頃になると，立派な角をもつ強い雄1頭が数頭の雌を囲い込み，ハーレムを作ります．

　出産は翌年の6月頃で，1回に1頭の子どもを出産し，2頭以上を産むことはほとんどありません．雌の子ジカは，翌年も母シカと一緒にいることが多く，森の中では翌年生まれの子ジカと3頭の群れを見かけることもあります．行動範囲は，生息している環境によってさまざまで，一定の範囲に定住しているシカもいれば，季節によって大きく移動するシカもいます．このように，シカはさまざまな環境に適応することができるため，日本を含めた世界各地に広く生息することができる動物なのです．

八代田千鶴

図24　ニホンジカの亜種による大きさの違い．キュウシュウジカ（右）はエゾシカ（左）よりもかなり小さい．どちらも成獣．

17 シカが増えたのは オオカミの絶滅が原因？

　みなさんはニホンジカ（以下，シカ）の絵が描かれた動物注意の交通標識に気づいたことはありますか？　山間部だけでなく，最近は高速道路でもシカと接触する交通事故が増えているそうです．シカは昭和初期には幻の動物として保護を訴えられていましたが，いまやどこでもよく見かける野生動物になりました．なぜ，こんなにシカは増えたのでしょうか？

　いろいろな説があります．温暖化によって積雪量が減ったので冬に死亡するシカが減ったとか，耕作放棄地が増えたのでシカの餌場が増えたとか……．天敵のオオカミが絶滅したからシカが増えた，という説もあります．この説は「食う−食われる」の関係にある生きものたちの自然の摂理にもかなっているようにみえます．

　オオカミが絶滅したのは明治時代，家畜の被害を減らすために国をあげて駆除を進めた結果でした．同じ時期に狂犬病などの病気が蔓延したことも大きな影響を与えたようです．シカの増加が問題になりはじめたのは，最後のオオカミの記録から何十年もたった平成の時代になってからです．ずいぶん時期が離れていますね．オオカミの絶滅が原因なら，もっと早い時期にシカの増加がはじまるはずです．どうしてこんなに時間差があるのでしょうか．

　オオカミが絶滅した明治時代，近代化を進める政策の中でシカの肉や毛皮などの需要が高まりました．北海道では 1873（明治 6）年からの 6年間で，なんと約 57 万頭のシカが捕獲されました．このような乱獲の結果，昭和初期には全国的にシカの絶滅が心配されるようになりました．そのため，第二次世界大戦後は保護政策がとられ，雌の捕獲が禁止されました．地域によっては禁猟期間を設け，全面的に捕獲を禁止されたのです．

　シカは強い雄だけが数頭の雌を囲い込んでハーレムを作ります．多くの雄は繁殖には加わりません．つまり雄の数が多少減っても，雌が生き残ればシカは数を増やせます．この雌の禁猟という政策によって，シカは絶滅を免れることができました．

ところが，シカはもともと数を増やす能力が高い動物です．雌の禁猟は，つい最近（2006年頃）までほとんどの県で実施されていました．個体数が回復に転じたあとも保護政策を続けたことが，こんなにシカが増えてしまった大きな原因の一つといえるでしょう．

シカの狩猟を制限したから，シカが増えたってこと？ 勘のいい読者はそう感じるかもしれませんね．そう，日本における近年のシカの増加は，オオカミの絶滅とは直接関係がありません．オオカミが日本に生きていた頃はシカも捕食していたはずですが，餌になる動物はネズミやウサギなど他にもいます．何よりオオカミは自分の必要な分しか捕食しません．一方，人は自分が食べる以上のシカを捕獲してきました．明治時代の乱獲は，毛皮やシカ肉の缶詰を輸出することで，大きな利益を得ることができたためです．

オオカミが絶滅してしまったことは残念なことですが，シカが増えたからといって安易にオオカミを放すことを考えるのではなく，まずは私たちがシカとどのように付き合っていけばいいのかを考えることが大切です． 　　　　　　　　　　　　　　　　　　　　　　　　八代田千鶴

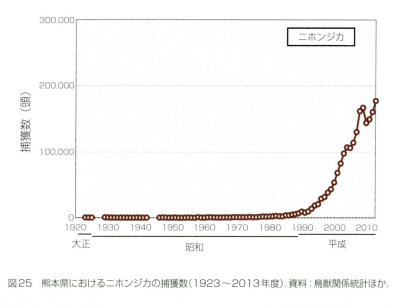

図25　熊本県におけるニホンジカの捕獲数(1923〜2013年度).資料：鳥獣関係統計ほか.

18 シカによる森林被害と対策

スリムな体につぶらな瞳，いわゆる「バンビ」と呼ばれる幼いシカはとくにとてもかわいい動物です．でも，近年のニホンジカ（以下，シカ）の増加は，「かわいい」と言っていられないほど農林業や生態系に深刻な影響を与えています．

シカに畑の野菜や水田の稲を食べられて困っているといった話を，あちこちで聞きます．家畜用の牧草地の中には，夜になると十数頭のシカがわがもの顔で牧草を食べる「シカ牧場」になっているところもあります．山間部ではワサビのような辛い作物も食べられてしまうそうです．

シカによる被害は農地だけではありません．新しく植えた苗木を食べたり，成長した木の樹皮を剝いだりします．立派な木も樹皮を剝がされたらあっという間に枯れてしまいます．林業でも大きな問題になっているのです．

また，シカの増加は野生の動植物にも大きく影響しています．シカの口が届く範囲は地面の草や木のみならず，落ち葉も食べられてしまいます（図26）．すると，哺乳類や鳥だけでなく，昆虫や土壌動物なども餌やすみかを失ってしまいます．さらに植物がなくなり地面がむき出しに

図26　シカによる植生の衰退．低木や草本だけでなく落ち葉も食べられている．宮崎県椎葉村にて2010年10月13日撮影．

なると，雨が降るたびに表土が流れ出すようになります．このまま放置すると，大雨が降ったときに山が崩れてしまうかもしれません．国土の保全をも脅かしているのです．

そこで現在，シカによる森林被害を減らすためにいろいろな対策が行われています．それは以下の3つの柱からなります．

被害防止

苗木や樹皮を食べられないように，シカが嫌うにおいや味を含んだ忌避剤を散布したり，シカが入れないように柵を設置したりして，食べられるのを防止することです．現在は柵の設置がおもな対策になっています．この方法は効果的ですが，多くのお金と労力が必要です．

個体数管理

シカの数を被害が少なくなるレベルで管理することです．シカが多くなりすぎた地域では，捕獲して個体数を減らします．逆に，シカが減ってしまった地域では，絶滅させないように捕獲を禁止するなどして保護します．現在は，ほとんどの地域でシカが多すぎるので，捕獲がおもな対策になります．この方法は，シカを捕獲できる技術と知識をもった人が必要です．

生息環境管理

シカも含め，さまざまな動物が棲みやすい森林の環境を保全することです．たとえば，手をかけていない人工林は枝が密集していて，林内に光が届かず植物が育ちません．間伐を行うことで樹木の成長もよくなりますし，光が届いて植物が育ってシカの餌も増えます．すると，樹皮剥ぎなどを減らすことができると考えられます．この方法は，どのような森林にしていきたいのか，といった長期的な視点で進める必要があります．

これらの対策は，効果や費用・労力などにそれぞれ特徴があります．しかし，どれが欠けても被害対策はうまくいきません．地域の状況に応じて，この3つの柱をうまく組み合わせる必要があります．シカが増えたのが私たちヒトのせいなら（第17話），責任を取るのも私たちなのです．

八代田千鶴

19 シカの数をコントロールする

　ニホンジカ（以下，シカ）による被害対策の一つ，個体数管理とは，シカの個体数を適正レベルの範囲内で人が管理する対策です．

　私たちは過去，無計画にシカを捕獲し，絶滅に近い状態にまで追い込んでしまいました．そこで，捕獲を厳しく制限する保護政策を実施してきましたが，今度は個体数が増えすぎて，農地や森林に大きな被害が出るまで放置して現在の状況になってしまいました．このような両極端の状況にならないためにも，シカを適切に管理することが重要なのです．

　それでは，シカを適切に管理するとはどういうことでしょうか？　これは，シカが多すぎて被害が深刻になるレベルと，少なくなりすぎて絶滅が心配されるレベルとの間に収まるように個体数を管理するということです（図27）．

　この過密でも過疎でもない状態を適正レベルとして個体数管理を行うときの基準にしますが，適正レベルにはさまざまな考え方があります．

　標高の高い山頂付近など，もともと生えている植物が少なく，シカに食べられるとすぐになくなってしまうような地域では，シカの数は少ないレベルで制限する必要があります．

　一方，シカを捕獲して肉や毛皮などを積極的に利用しようと考える地域では，過密にならないレベルでたくさんシカがいた方が捕獲数も多くなるので，利用しやすくなるでしょう．

　現在は，多くの地域でシカは過密レベルにあることから，捕獲を進めてシカを減らす必要がありますが，どのレベルになるまで捕獲を続けるか，そのあとどのレベルで個体数を維持するかを決めるには，それぞれの地域の考え方によって違ってくることになります．「どのレベルが適正か」を決めるのは，その地域に住んでいる人たちなのです．

　このように，適正レベルで個体数を管理するためには，シカの生息数を知る必要があります．シカの数を調べる方法は，一定面積内の森林を歩いて直接目撃したシカを数えたり，一定面積の中に落ちているシカの糞を数えることで推定したり，いろいろな方法があります．ただ，自由

に動き回っているシカの数を正確に数えるのは難しいので，同じ調査を同じ時期に同じ場所で毎年実施し，それぞれの数字の変化を個体数増減の指標として利用することもあります．こうして推定したシカの個体数（または指標）にもとづいて，管理計画を作成し個体数管理を実施することになります．

　このような捕獲による個体数管理は，これまで趣味で狩猟をしてきた人たちがその大部分を担ってきました．しかし，最近では狩猟者の数が急激に減少していて，半分以上が60歳以上の高齢者です．捕獲を担う人はどんどん少なくなっています．いくら科学的に管理計画で必要な捕獲数を設定しても，捕獲する人がいなければそれを達成することはできません．

　まずは，現在のシカが多すぎる状況から適正レベルまで個体数を減らす必要があります．シカの個体数管理を進めるためには，捕獲を担う人材を育てていくことも，今後の重要な課題といえるでしょう．

八代田千鶴

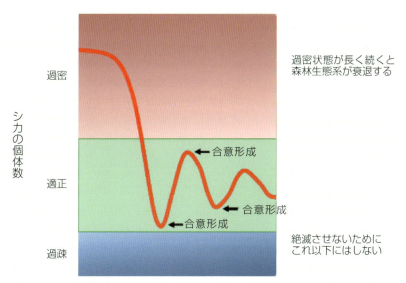

図27　シカの個体数管理の概念図．シカが多すぎて被害が深刻になるレベルと，少なくなりすぎて絶滅が心配されるレベルとの間（適正レベル）に収まるように個体数を管理する．適正レベルは地域ごとに異なり，合意形成で決まる．

20 イノシシのごちそう，イノシシはごちそう

「あーあ，今年もやられた……」モウソウチクのタケノコが顔をのぞかせる春，県内のあちこちでこの声を聞きます．私たちが美味しくいただくタケノコはイノシシにとってもごちそうなのです．一方，昔からイノシシの肉はヒトにとって重要なタンパク源でした．ドングリの当たり年にはよく太り，脂ののったシシ肉はたいへんなごちそうです．

イノシシは，鯨偶蹄目イノシシ科18種のうちの1種で，東西ではヨーロッパからアジアまで，南北では熱帯から亜寒帯まで，とても広く分布しています．日本では本州・四国・九州にニホンイノシシ，奄美・沖縄の南西諸島にはリュウキュウイノシシの2亜種が分布しています．ニホンイノシシは100 kgを超える大型の個体もいますが，リュウキュウイノシシは40 kg程度と小型です．

また，イノシシは雪深い地域ではあまり見かけることがありません．これは短い足が原因のようです．ただ，近年は分布が北上していて，宮城県や長野県など以前は分布していなかった地域でも見られるようになっています．

ドングリやタケノコなどの植物質を好みますが，動物も食べる雑食性です．畑やその周辺で土が掘り返されていることがありますが，これはイノシシが土の中のミミズなどを探して掘ったあとなのです．ネズミやヘビ，カエルなども食べます．雑食性という点ではヒトと同じです．さらに，4つの胃をもつシカやカモシカと違い，イノシシの胃は1つだけで，これも私たちヒトと同じです．

イノシシの交尾期は1月頃，出産は6月頃で，2歳以上からほぼ毎年出産します．生まれて数ヶ月以内の幼いイノシシにはウリに似た縞模様があるので，「ウリ坊」とも呼ばれます．秋にもたまにウリ坊を見かけることがありますが，これは何らかの理由で春に子を産めなかったか，または子を失った母イノシシがその後再び妊娠して出産したものです．

ウリ坊は体が小さく体力がないので，母イノシシは草などを積み上げた巣を作って子どもを守ります．けれども，1歳になるまでに半分以上

のウリ坊は死んでしまうのです．一方，1回の出産で生まれる子の数は多く，平均4頭です．この多産のおかげで，イノシシは数を増やす能力が高いのです．

　雌はその年に産まれた子と母子グループを作って生活しますが，雄は単独行動です．集落の近くで生活するイノシシは，ヒトの姿が見えなくなる夜間に活動するので夜行性と思われがちですが，本来は昼行性です．昼間に活動して，夜は鼻で掘ったくぼ地で寝ます．

　夏の暑い日などはよく水浴びや泥浴びをします．泥浴びをする場所は「ぬた場」と呼ばれ，イノシシがたくさん生息している山の中を歩くとあちこちでみつかります．私たちは苦しみあがくようすを「の（ぬ）たうちまわる」と表現しますが，イノシシの「ぬたうちまわる」行為は気持ちのいいことのようです．

　近年，ヒトの生活圏に出没するイノシシが増えています．昔から人里近くも生息域でしたが，山間部の人口が減るにつれ，わがもの顔で畑に出てくるようになりました．天草では長らくイノシシの姿はなかったのですが，今から20年ほど前に八代海を泳いで渡ってきた個体が棲みつき，全島に広がりました．今ではほとんどの水田や畑の周囲にはシシよけの電気柵が張りめぐらされています．

八代田千鶴

図28　イノシシ．熊本県天草市にて2012年5月9日撮影（安田雅俊）．

21 帰ってきたイノシシ

　イノシシが市街地にまで出没しています．2013年12月，熊本市の中心部に位置する立田山で，森林総合研究所九州支所の研究員が設置した自動撮影カメラによって1頭の若いイノシシが撮影されました．また，2014年1月，立田山の湿地で熊本市立熊本博物館の学芸員がイノシシの足あとを発見しました．イノシシは十二支の一つとして身近な存在ですが，体が大きく，鋭利な牙をもつなど危険な生物でもあるため，見かけても近づかないようにしましょう．でも，その足あとは自然観察の格好の題材になります．

　調べてみると，興味深いことがわかりました．立田山が殿様の山として守られていた江戸時代には，そこのイノシシが周りの田畑を荒らすので，何度もイノシシ狩りが行われたそうです．ところが，明治以降のいつの時期かはわかりませんが，立田山のイノシシは狩り尽くされてしまいました．立田山だけではありません．かつて，イノシシは九州の平野

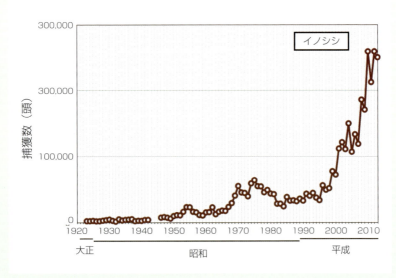

図29　熊本県におけるイノシシの捕獲数（1923〜2013年度）．資料：鳥獣関係統計ほか．

や里山からほぼ姿を消したのです．ほんの50年前でも，イノシシは九州山地にしか残っておらず，深山の動物とみなされていました．

　これを裏付ける資料が狩猟統計です（図29）．熊本県における年間の平均捕獲数は戦前の約400頭（1930〜1942年度）から戦後の約1,300頭（1946〜1960年度）まで約3倍に増えましたが，まだそれほど多くはありませんでした．ところが，それから50年後の現在，年間捕獲数はなんと約2万数千頭（2010〜2013年度）に達し，さらに約20倍にまで増えました．これはイノシシの生息数が大幅に増え，分布が広がってきたことを反映しています．

　なぜイノシシが増えたのでしょうか．理由はいろいろ考えられますが，簡単に言えば，生まれてくる数よりも死んでいく数が継続的に少なかったからです．年2万数千頭という捕獲数はとても多くみえます．しかし，おそらく年間に生まれてくるイノシシの数は捕獲数を上回っているようです．もっと捕獲しなければイノシシは減らないのです．

　今，かつての先祖がくらしていた立田山にイノシシが帰ってきました．どこから？　おそらく，金峰山あるいは阿蘇方面からでしょう．なぜ？　戦後，里山が利用されなくなり（第6話），森林が回復してきたため，イノシシがくらせるような環境になってきたからでしょう．この生物多様性の回復を喜んでばかりもいられません．今後，利用者の安全のためにイノシシを駆除することになるでしょう．全国で起こっている人と野生動物の問題が，身近な場所でも起こっています．

安田雅俊

22 カエルとイノシシの不思議な関係

　イノシシの「ぬた場」を見たことがありますか？　里山を歩いていると，谷の奥にある昔の水田の跡や湿地に直径1mくらいの大きさで水がたまっていることがあります．周辺には「ハ」の字型の足あとが多数あり，水たまりでは「ぬた」をうった，つまり泥浴びをしたようすが見られるとき，これを「ぬた場」と呼びます．ここでイノシシは寄生虫を駆除したり，なかまとのコミュニケーションをとったり，体温を下げたりするといわれていますが，なんとこのような場所を繁殖場所に利用しているたくましい生物がいます．

　それは真冬から春先にかけての出来事です．冬にしては暖かい雨が降ると，他の両生類に先駆けてニホンアカガエルやヤマアカガエル，カスミサンショウウオたちが周辺の林から山際の水田や湿地に集まってきて産卵します（図30, 31）．

図30　ぬた場に産卵されたカエルの卵塊．熊本県山都町にて2014年2月9日撮影．

冬の水田にはふつう水がたまっていません．ところが，雑木林に囲まれた谷にある水田には水が少しずつ浸みだして，冬でも水がたまっています．でも，卵が干上がってしまうような浅い水たまりは産卵に適していません．そういうときにイノシシの「ぬた場」が重要になります．

イノシシは水が浸みだしやすい場所をよく知っています．イノシシが「ぬた」をうつと，少し深めの水溜まりができます．そのような「ぬた場」は水が長期間たまるため，上述のカエルやサンショウウオたちの産卵に適しています．

「ぬた場」をつくるイノシシが雌の場合は，母子グループで数頭がいっしょに生活しているため，「ぬた場」をいくつももっており，産卵に適した水たまりの数が増えます．

ただし，悪いこともあります．繁殖のために同じ場所に多数集まった親ガエルたちはイノシシの格好の餌になります．また，無事に産卵できたとしても，その場所で激しく泥浴びされると，卵がバラバラになり，オタマジャクシになる前に死んでしまうこともあります．しかし，冬に干上がらない水たまりはあまり多くないため，「ぬた場」は貴重な繁殖場所なのです．

近年，里山には大きな変化がおきています．水のたまりやすい山際の水田までも宅地造成で埋め立てられています．また，過疎化が進んでいるところでは機械を入れにくい谷の奥は放棄され，陸化がすすんだ結果，冬から早春に水が溜まる場所はめだって減っています．このような現状では産卵するときに食べられる危険や，産卵後に卵が踏みつけられる危険があったとしても，イノシシの「ぬた場」は大事な産卵場所と言えるのかもしれません．

坂本真理子

図31　ヤマアカガエルの成体．熊本県山都町にて2014年1月26日撮影．

23　阿蘇の巻狩

　雪が消える頃，阿蘇では毎年，野焼きが行われます．山や野に火を放って燃やすという行為は，カヤ場や放牧地となる草原を維持するために，かつては全国で行われていました．

　じつは，野焼きには草原維持に加えて，狩猟というもう一つの側面があったのです．有名なものが阿蘇の巻狩です（九州民俗学会，2012）．このような狩猟はかつては全国で行われていましたが，今では地域社会や法制度など，狩猟を取り巻く環境の変化もあり，途絶えています．

　鎌倉幕府を開いた源頼朝は，阿蘇の大宮司家から「下野の狩」のやり方を学び，富士山麓で巻狩を行ったと伝承されています．「下野の狩」とは，阿蘇の在地の豪族であった阿蘇家の神官を中心に，古代から中世に行われた，野焼きを利用した集団狩猟です．一説には3,500人を超える規模だったとされています．絵図や伝承によれば，シカやイノシシ，ノウサ

図32　阿蘇の野焼きの光景．2013年3月17日撮影（写真提供：山田淳一）．

ギ，クマ，オオカミなどが狩られたようです．この巻狩は，古代から行われている阿蘇の地主神であるナマズ神にシカの後ろ足を捧げる神事でしたが，近年の研究では，カヤ場の維持とそこからの食料の採集，害獣の駆除など，さまざまな要素をもっていたと考えられています．

　この巻狩には阿蘇独特の2つの環境条件が反映されています．一つは，山の下の森林から火を放ち，火に追い上げられてくる獲物を山の上にある草原で待つという点です．一般的な野焼きでは斜面の上から下へ向けて火を放ちます．こうすると，火の勢いをコントロールしやすく，延焼の防止になるからです．しかし，阿蘇では山の上に草原があるため，下から上へ向けて火を放つことができ，火を効果的に用いて，逃げ場が少なく見通しの良い山上の草原で，獲物を待ち構えることができたのです．このようなやりかたは，阿蘇のような自然地理的条件がそろったところでのみ可能です．

　もう一つの環境条件は，阿蘇が聖地であったことです．野焼きによる狩りは多くの動物を殺生することから，中世の仏教においては罪とされ，禁止令も出されたほどです．おそらく，禁止令を出さなければならないくらい，日本各地で広く行われていた狩猟方法だったのでしょう．しかし，それが聖地の神事として継承されてきた阿蘇では，例外的に続けることができたのでしょう．つまり，阿蘇に聖地という人文地理的条件がそろったからこそ，阿蘇の巻狩があったのです．

　阿蘇の巻狩は，在地領主としての阿蘇家の勢力が弱まりはじめる安土桃山時代に途絶え，近世の記録や伝説に残されているだけです．しかし，野焼きは今でも行われています．神事であった狩猟の要素は失われても，野焼きは阿蘇の人々にとって生活に不可欠な行事であり，自然的にも人文的にもいろいろな機能や意味合いをもっています．そして，阿蘇の草原の維持にも大いに役立っています．

　つまり，聖地「阿蘇」における自然や文化，産業などのすべての地理的特徴が，野焼きや巻狩というかたちで現れているのです．このことは，自然環境と文化や民俗は個別に存在するものではなく，一つの生態系として相互に関連していることを私たちに教えてくれます．　　大田黒司

※阿蘇の野焼きや巻狩については九州民俗学会（編）『阿蘇と草原』を参考にした．

24　阿蘇の「あか牛」

　阿蘇を訪れると,「あか牛のハンバーグ」「あか牛のステーキ」といった言葉をよく目にします.阿蘇の草原の緑によく映えるオレンジ色の牛,これがあか牛です.

　あか牛とは褐毛和種のことです.褐毛と書いて「あかげ」と読み,その名のとおり毛が褐色や赤色をしています.おもに肉牛として生産され,黒毛和牛と同じく,和牛の1品種です.熊本系と高知系があり,熊本系のあか牛の体高は約 130 cm,体重は約 560 kg です.妊娠期間は 280 日前後とヒトとほぼ同じで,1回に1頭の子を産みます.

　熊本県では昔から褐毛の牛が飼養されていました.古くからしばしば輸入されていた朝鮮牛がこの地方で増殖したものといわれ,体質頑健,よく粗食に耐え,役用能力も高かったとされています.明治以降にはこの褐毛の牛に外国種,とくにシンメンタール種の牛を交雑するようにな

図 33　阿蘇の草原に放牧中の「あか牛」.熊本県南阿蘇村にて 2013 年 4 月 21 日撮影.

り，誕生した雑種を褐毛肥後牛と名付けました．この褐毛肥後牛が今のあか牛なのです．

ところで，あか牛は他の牛とはどう違うのでしょうか．同じ肉牛である黒毛和牛とは肉質が違います．よく「霜降り」とか「サシが入っている」といった言葉を耳にしますよね．これは牛肉に脂肪分（サシ）が細かく入っていることを指しています．この脂肪分の程度で肉のランクが変わります．あか牛の場合は，黒毛和牛より脂肪分が少なく，味は「あっさり系」です．これには肥育方法が関係しています．

あか牛は4月中旬頃から11月下旬まで，阿蘇の草原で放牧されます．約6～7ヶ月間の放牧の間，あか牛は豊富で新鮮な牧草を食べて育ちます．放牧は肥育方法の一つであり，放牧をとりいれた肥育方法が他の肉牛とは違ったあか牛の肉質を生み出しているといえます．

最近では，あか牛の肉の優れた食味，食感や機能性成分に関心がもたれています．また，あか牛が放牧されている景色は阿蘇独特の風景の一つとして観光資源になっています．これまであか牛について知っていた方も知らなかった方も，次に阿蘇を訪れるさいは目と舌で味わってみてはいかがでしょうか．

石橋真奈

図34　阿蘇山では毎年野焼きが行われ，草原環境が維持されている．中腹よりも上の緑色の薄い部分が草原で，下の濃い部分は植林地．熊本県南阿蘇村にて2014年5月23日撮影（安田雅俊）．

25 うまいウマの話

　熊本県民にとってウマという動物から連想するのは競馬や馬車，乗馬よりも「馬刺し」でしょう（図35）．サシ（白い脂身）が入った馬刺しを，おろしニンニクかおろしショウガを薬味に，甘めの醤油にチョンと浸して口へ運ぶ．最初はコリコリで，あとでとろけるような食感……球磨焼酎が欲しくなってきます．
　ウマは奇蹄目 16 種のうちの 1 種です．現在の日本には厳密な意味での野生のウマは生息していません．宮崎県都井岬の岬馬も含めた在来のウマは，古墳時代前後に中国大陸から朝鮮半島を経由して導入された家畜馬がその起源と考えられています．
　ウマはおもに軍事用や輸送用の家畜として普及してきました．それは次のような特徴があるからです．
　①大型で，力も強い．
　②肉食動物から逃げるために早く走ることができる．
　③群れを作るので社会性が高く，ヒトに慣れやすい．
　④走るときに背骨が曲がらず安定しているので，ヒトが乗りやすい．
　このうち①〜③の特徴により，ウマはモンゴルやアメリカの草原で繁

図 35　熊本の馬刺し料理．

栄していきました．日本でも草原が比較的広がっている東北地方や中部地方，そして九州の阿蘇・九重地方がおもな生産地となりました．これらの地方には馬肉食文化が広がっています．熊本県以外では福島県，福岡県，青森県，岐阜県などです．なお，現在最大の馬生産地は北海道です．

さて，私たちがイメージするウマは競走馬のサラブレッドですが，そのスリムで筋肉質の姿からは脂ののった「馬刺し」は連想しにくいですね．実際，走れなくなった競走馬は加工され，脂肪分の少ないヘルシーなペットフードとして利用されています．一方，私たちが食べる馬肉は国内で一貫飼育されるか，カナダやアメリカから空輸されたウマを国内で肥育した後で処理したものです．

私は何度か馬肉加工場と，その隣の牧場を訪れたことがあります．そこで見たウマの大きさに圧倒されました．体重は1トン以上，肩までの高さは2mを超します．キリンほどではありませんが「見上げる」動物です．このウマはヨーロッパで農耕や重量物の運搬用として改良された品種で，肉質も食用に適しています．

ところで，私が食肉加工場を訪れる理由は2つあります．一つは食肉加工の現場見学をとおして「いのちの大切さ」を学ぶためです．もう一つは，廃棄される眼球を譲り受けて，解剖実習に使うためです．解剖で取り出す水晶体は本当に「レンズ」のようで，生物の構造の美しさに驚きます（図36）．

　　　　　　　　　　　　　　　　　　　　　　　　　　　坂田拓司

図36　ウマの水晶体．まさに天然のレンズ．菊陽町にて2012年3月10日撮影（安田雅俊）．

第2章　食肉目（ネコ目）
タヌキ・キツネ・ネコなど

　第2章では，タヌキやキツネなど陸上にくらす食肉目（ネコ目）をとりあげます．食肉目の種のことを一般に食肉類とよびます．

　食肉類は全世界で286種が知られています．日本に分布する種は，世界の食肉類の1割弱にあたる27種（キツネ，タヌキ，オオカミ，ヒグマ，ツキノワグマ，アライグマ，テン，クロテン，イタチ，チョウセンイタチ，イイズナ，オコジョ，ミンク，アナグマ，カワウソ，ベンガルヤマネコ［ツシマヤマネコとイリオモテヤマネコの2亜種］，ジャワマングース，ハクビシン，ラッコ，ゼニガタアザラシ，ゴマフアザラシ，ワモンアザラシ，クラカケアザラシ，アゴヒゲアザラシ，トド，オットセイ，ニホンアシカ）です．これには絶滅種と外来種を含みます．上にあげたうち，ラッコからニホンアシカまでを除く19種がおもに陸でくらします．

　熊本県内からは，キツネ，タヌキ，オオカミ，ツキノワグマ，アライグマ，テン，イタチ，チョウセンイタチ，アナグマ，カワウソの10種が知られています．これらに加えて，飼育個体が野生化したイヌとネコ（イエネコ）についても本章で紹介します．

図37　イタチ（水上健太　画）．

絶滅種

　オオカミとカワウソは日本国内から明治以降に絶滅しました．また，ツキノワグマは九州内から昭和以降に絶滅したと考えられています．これら絶滅した食肉類3種はかつて熊本県にも生息していました．それぞれの種の絶滅の原因は若干異なりますが，ヒトが絶滅に大きく関係した

図38　約250年前（江戸時代中期）の図譜『毛介綺煥』に描かれた熊本の哺乳類．上：テン（山都町）．下：アナグマ（熊本市）．永青文庫蔵．許可を得て掲載．『毛介綺煥』については第27話参照．

ことは共通しています.

外来種

　アライグマとチョウセンイタチは外来の食肉類です．またイヌとイエネコも外来種です．これらの食肉類は他の野生動物を食べたり，近縁種と競合したりするため，生態系を撹乱するおそれが高く，問題となっています．

大きさ

　絶滅種を含む県内の食肉類を体重の小さい方から順に並べると，イタチ，チョウセンイタチ，テン，イエネコ，タヌキ，キツネ，アライグマ，イヌ，アナグマ，カワウソ，オオカミ，ツキノワグマとなります．ただし，イタチのなかまは雄が雌よりもかなり大きい傾向がある（これを性的二型と言います）ので，雄の体重を基準として並べました．こうして体の大きさの順に並べてみると，九州の絶滅種3種はもっとも大きい3種であることがわかります（図39）.

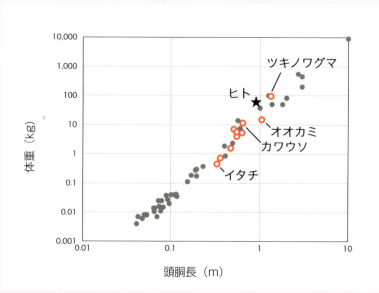

図39　熊本の食肉目10種の体の大きさ（イヌとイエネコを除く）．食肉目は中型～大型種である．もっとも大きな3種（ツキノワグマ，オオカミ，カワウソ）は九州から絶滅した．

食性と歯

　食肉類といっても，すべての種がライオンのように肉だけを食べるわけではありません．種によって，さまざまな動植物をさまざまな割合で食べています．たとえば，おもな食物として，昆虫などを食べる種，鳥やネズミ，カエルなどを食べる種，あるいは魚などを食べる種がいますし，動物質と植物質の両方を食べる雑食性の種もたくさんいます．タヌキやテンなどでは，時期によって果実や種子が食物の大きな割合を占めます．

　肉食の度合いは歯をみるとよくわかります．一般に，永久歯の本数が少なく，奥歯（小臼歯や大臼歯）が尖っているほど肉食の傾向が強くなります．哺乳類の基本の歯の本数は44本で，原始的なものほどこれに近い数です．もっとも肉食の傾向が強いのはネコのなかまで，イエネコは全部で30本の歯をもっています．一方，雑食の傾向が強いイヌのなかまでは，イヌは42本，タヌキは44本の歯をもっています．

安田雅俊・荒井秋晴

26 九州から絶滅した哺乳類

「近年」九州から絶滅した哺乳類として，オオカミとカワウソ，ツキノワグマがあげられます．これらはすべて食肉目（ネコ目）というグループに属します．ここでいう「近年」とは，江戸時代末から昭和末頃までと，時間的には約120年間の幅があります．熊本にはこれらの種が近年まで生息していたことを示す貴重な資料が残っています．

肥後藩主の細川重賢は博物学を好みました．重賢が著した図譜『毛介綺煥』には，みごとなオオカミの写生画が描かれています（第27話）．これは1758年，阿蘇南外輪山（現在の山都町）で猟師が鉄砲で撃ち殺し，殿様に献上したものです．宮崎県北部には1850年頃まで村人を襲ったオオカミを山狩りしたという記録が残っていますが，この頃にはすでに広域で生息数が減っていたようです．日本における最後のオオカミの記録は1905年の奈良県における捕獲です．九州からオオカミが絶滅したのもおそらくその前後でしょう．

カワウソは，1920年代に出版された熊本県内の郡誌に記録があります．玉名郡，鹿本郡，阿蘇郡，球磨郡，芦北郡などから生息が報告されており，県内の大きな河川や海岸に広く分布していたと考えられます．

この時期，軍需品として大量の毛皮が必要とされ，毛皮をとるために多くの哺乳類が狩猟されました．カワウソの毛皮は高値で取引されたため，狩猟によって全国的に数が減りました．九州でも過度の狩猟が絶滅のおもな要因となったようです．1970年代にはまだ四国に少数のカワウソが生息していましたが，1990年代までに国内から絶滅したと考えられています．

ツキノワグマは，毛皮や胆のう（民間薬の材料）をとるために古くから狩猟されていました．本種が九州から絶滅したのか，存続しているのかはクマの専門家の間でも結論がでていません（環境省の最新のレッドリストでは九州地方のツキノワグマは絶滅とされています）．

九州で最後に捕獲されたクマは1987年に祖母・傾山系で狩猟された個体です．最近の研究で，このクマが北陸地方の個体群と同じタイプの

遺伝子型をもっていたことがわかりました．つまり，このクマは人の手で本州から連れてこられたクマが野生化したもの（あるいはその子孫）と判断されたのです．

　しかし，このことから絶滅説を主張するのは無理があります．なぜなら，1987年の捕獲以降，九州ではクマが全面的に禁猟になったため，狩猟による確実な生息の証拠が途絶えてしまったからです．

　最近でも，祖母・傾山系ではしばしばクマらしき動物が目撃されています．2011年10月には登山者によって「クマ以外の何者でもない動物」が目撃され，大きなニュースになりました．ツキノワグマが絶滅したのであれば，目撃された動物は何だったのでしょう．このような曖昧な状況を打開するため，クマの専門家グループが2012～2013年に生息調査を行いましたが，生息の証拠は得られませんでした．

　このように，在来の哺乳類の絶滅や減少を引き起こしてきたのは私たちヒトですが，その状況を把握し，対策を図ることができるのもまたヒトなのです．

安田雅俊

図40　祖母山系の登山道にある「クマに注意」の看板．大分県豊後大野市にて2011年10月19日撮影．

27 『毛介綺煥』に描かれた哺乳類

　白く尖った牙，流れるような毛並み．そこに描かれているのは，息づかいが今にも聞こえそうなオオカミ（図41左）．黒く長い尾，背中には黒い線，黒い目元．小さく丸々した姿が描かれているこちらは，ヤマネ（図41右）．

　これらが描かれているのは，『毛介綺煥』という図譜です．折りたたみになっており，さまざまな魚介類と動物の写生画が貼られています．目を見張るのは，それぞれが細部までひじょうに精密に描かれており，じつに写実的であることです．写生画にそえられた説明文から熊本産とみられる野生の陸生哺乳類は，オオカミとヤマネのほか，カワネズミ，アナグマ，ネズミ類，テン，ヒミズの計7種です．

　文頭に紹介したオオカミは，1758年に「矢部手永下名連石村（現在

図41 『毛介綺煥』に描かれたオオカミ（左）とヤマネ（右）．どちらも永青文庫蔵．許可を得て掲載．

の山都町）」で猟師が鉄砲で撃ち殺したものと記されています．つまり，この頃はまだ熊本県内にオオカミが棲んでいたことがわかる貴重な記録です．また，ヤマネは，1757 年に「芦北郡久木野村井手ノ谷（現在の水俣市大川）」で捕獲されたものです．それから約 250 年後の 2013 年，熊本野生生物研究会の調査により，ほぼ同じ場所からヤマネの生息が確認され，ヤマネの分布を知るうえで貴重な手掛かりが得られています．

　『毛介綺煥』の編者は，肥後熊本藩 6 代藩主の細川重賢(しげかた)(1720 〜 85)です．重賢は 1720（享保 5）年，肥後熊本藩 4 代藩主の 5 番目の男子として生まれました．紀州藩第 9 代藩主徳川治貞(はるさだ)と「紀州の麒麟(きりん)，肥後の鳳凰(ほうおう)」と並び賞された名君で，藩の財政を立て直すため藩政改革を断行したことで知られています．また，博物学に関心が深く，『毛介綺煥』を含め，生物写生帖・百卉倈状(ひゃっきぼうじょう)（草木），聚芳図(しゅうほう)（花卉），錦繍聚(きんしゅうしゅう)（竹類），草木生うつし（雑草木），草木生写（雑草木），蒻百合雑(あさがおゆりまじり)（百合 51 図，菊 196 図，石竹類 55 図など），花木形状（雑木），昆虫胥化図(しょか)など 10 巻を著しました．細川重賢の残した 10 冊の写生帖は，日本の博物学史上優れたものであり，なおかつ肥後藩主としての業績の中でも重要な位置を占めています．

　これらの資料は，細川家ゆかりの公益財団法人永青文庫(えいせいぶんこ)に収蔵・展示されています．永青文庫は東京都文京区目白台にあり，日本・東洋の古美術を中心とした美術館として一般の見学が可能です．その所蔵品の一部は，熊本県立美術館細川コレクション永青文庫展示館でも巡回のさいにみることができます．　　　　　　　　　　　　　　　城戸美智子

28 洞窟から発見されたオオカミの骨

　ヘルメットに取り付けたヘッドライトの明かりをたよりに，真っ暗な洞窟を進みます．狭くなったり広くなったり，這って進むときもあれば高い天井のホールのような場所に出るときもあります．とくに鍾乳洞の中では，長い年月をかけて作り出された水の力の造形美に息をのみます．こうなるとだんだん宝探しをしている気分になり，何かおもしろいものに出会えるのではないかとワクワクしてきます．

　このような洞窟調査ですばらしい発見がありました．熊本県八代郡泉村落合（現在の八代市泉町）の「矢山岳の縦穴」から九州で初めてオオカミの骨が発見されたのです．発見者は後に本研究会の初代会長になられた入江照雄氏を含む熊本洞穴研究会の会員3名で，今から48年前の1967年11月のことです．

　縦穴の高さはなんと約28mもあり，ザイルを使って慎重に降りました．このときの調査の目的は洞窟内の生物でした．洞窟内には多くの珍しい生物が生息しているからです．そのため地底の堆積物の中からみつかった獣の骨はとりあえずザックに詰め込み，せっかく持ち帰ったのだからと，東京にある国立科学博物館に送りました．後日，その獣骨はなんとオオカミの頭骨であるとの知らせが届きました．とても貴重な標本です．しかし，その標本は国立科学博物館の所蔵となり，残念ながら熊本に戻ることはありませんでした．

　1976年12月，今度は八代郡泉村葉木（同上）にある京丈山の「ワナバノ第一洞」で熊本商科大学（現 熊本学園大学）探検部がオオカミの頭骨を発見しました（図42）．さらに，翌年の総合調査ではほぼ完全な1頭分のオオカミの骨が発見されました．この標本は，現在，熊本市立熊本博物館で地域の貴重な資料として保管されています．

　これらのオオカミは，獲物を夢中で追いかけていて偶然に穴に落ちてしまったのかもしれません．そして，深い縦穴から逃げ出すことができずに息絶えたと想像されます．オオカミにとってはひじょうに不運な，私たちにとってはたいへんラッキーなことでした．

放射性炭素法で骨の古さを調べたところ，京丈山でみつかったオオカミは今から380±90年前に生きていたことがわかりました．つまり少なくとも江戸時代中期，古ければ室町時代のオオカミだったのです．
　オオカミが日本から絶滅した原因はよくわかっていません．江戸時代には狂犬病にかかったオオカミの記録が残されています．もともと個体数が少なかったところに，狂犬病などの伝染病が蔓延したり，そのために駆除が奨励されたり，あるいは餌資源が減少したり，生息地が分断されたりした結果，絶滅していったのではないかと考えられています．
　オオカミが生きていた時代，熊本にはどのような自然が広がっていたのでしょうか．想像がふくらみます．　　　　　　　　　　　坂本真理子

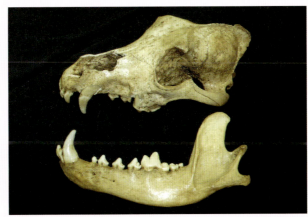

図42　縦穴でみつかったオオカミの頭骨（上）と全身骨格（下）．どちらも熊本市立熊本博物館蔵．許可を得て掲載．

29 絶滅したオオカミと日本人

　オオカミは，骨の発見や文献の記録などによって，熊本県内にも生息していたことがわかっていますが，1905年の捕獲を最後に日本では絶滅しました．その原因は複合的で，狂犬病やジステンパーなどの病気の流行，明治以降の急速な近代化にともなう環境破壊，人による駆除などが関係していると言われています．

　絶滅以前は，日本人にとって，オオカミは身近な哺乳類でした．江戸時代の書物には狼（おおかみ）あるいは豻（やまいぬ）として記述されています．古来は大口真神（おおくちのまかみ）

図43　オオカミが描かれたお札（小影中札：こみえちゅうふだ）（左）と参道の神犬像（右）．江戸時代中頃よりお犬さまの信仰が広まった．埼玉県秩父市にある三峯神社には10基余の神犬像があり，古いものでは江戸時代中頃に奉納されたものもある．写真は昭和初期に奉納されたもの（提供：三峯神社．許可を得て掲載）．

と呼ばれ，火難除けや盗人除け，そしてシカやイノシシによる農作物への被害を抑えてくれる神のご眷属（神の従者）とみなされていました．つまり，尊敬と畏怖の対象であったのです．江戸時代まで，オオカミは基本的には神として人を守り，恵みを与えてくれる存在でした．

しかし，江戸時代も後期になってくると，病気のオオカミによる人への被害が報告されるようになり，明治に入るとオオカミに対する日本人の意識や行動が一変します．そして欧米式の牧畜が導入されると，田畑を守る益獣であったオオカミは，家畜を襲う害獣となりました．さらには外国の文化が流入する中で，「オオカミ＝悪」というイメージが日本人に取り込まれ，積極的な駆除が行われるようになりました．それだけが原因とは言えませんが，このような人の考えや行動の変化が，すでに病気の流行などで減少しつつあったオオカミに最後のとどめをさしたのかもしれません．

オオカミという存在は今でも絶大な人気があります．藤子・F・不二雄のマンガ『ドラえもん』には，絶滅せず生き延びていたオオカミをのび太が助けるというストーリーがありますし，宮崎 駿の映画『もののけ姫』にもヤマイヌが重要な存在として登場します．博物館でオオカミの展示をすると，遠方からも見学者が訪れるそうです．九州山地や秩父山地では今でもロマンを抱きながらオオカミを探している人たちがいます．そして絶滅してもなお，神社では信仰の対象として今でも崇められています（図43）．

これらから言えることは，日本のオオカミは生物学的には絶滅したかもしれませんが，日本人の心や文化の中には今も生き続けているということです．

このように，環境に関する問題は自然科学の分野だけでなく，人文科学的な視点からも考えなければなりません．とくに人間がからむ問題の研究や解決には，人文科学を含む幅広い知識が役立ちます．野生生物の絶滅や被害問題についても，人文科学的な要素が多くあります．それゆえ，これから環境を学ぼうとする人は，より広い教養や知識を学ぶ必要があるのです．

大田黒司

30 絶滅直前のカワウソのくらし

　カワウソはすでに日本から絶滅してしまったと考えられています．その原因は，良質な毛皮を目的とした乱獲，生息地となる河川・海岸の護岸や水質汚染，農薬などの化学物質の蓄積，それらに由来する餌（魚介類）の減少などです．

　河川の環境の変化を調べたとき（第7話），その土地に昔から住む人に，どんな生きものがいたのか，どこで見たのかといったことを尋ねて回りました．その中で，絶滅してしまったカワウソの情報もいくつか集めることができました．

　熊本県南部を流れる球磨川は中流部に大きな人吉盆地があります．人吉盆地の真ん中を球磨川の本流が東から西に流れ，北や南から小さな支流が本流に流れ込んでいます．

　聞き込みで得られた情報を集約すると，どうやら人吉盆地では1960年代までは，カワウソが生息していたようでした．カワウソの目撃情報は，本流でも支流でも得ることができました．しかし，「毎日夕方になると，ドボンと川に入る音が聞こえた」（カワウソは基本的には夜行性）とか，「いつも陸に上がる場所があって，足あとがたくさん残っていた」とか，「糞が多くあった」といった巣穴を感じさせる情報は，支流から多く得られました．

　古い地図や写真をみると，人吉盆地の小さな支流はかつて大きく蛇行していたことがわかります．古くから穀倉地帯であったこの盆地は，当時でもほとんどが農地でしたが，川べりには竹やぶや雑木林が残っていました．

　カワウソは川べりの土穴や岩穴を巣穴として利用します．しかし，人吉盆地の球磨川本流は，広く開け，比較的小さな石が転がる砂州が広がっているため，そのような場所が，川の流れから離れています．一方，支流は水際にそのような場所があります．そのため，本流ではなく，支流に巣穴を作ることが多かったのかもしれません．

　もちろん，大食漢で何kmもの広い行動圏を必要とするカワウソが，

支流だけで生きていけるとは思えません．きっと支流の川岸に巣を作りながら，支流から本流へ，本流から支流へと動き回っていたのでしょう．

熊本の川でカワウソたちがどのようにくらしていたのかは，今となっては断片的な情報から推測するしかありません．しかし，絶滅して100年経てば目撃した人はこの世にいなくなってしまいますが，今ならば実際に見た人から話を聞くことができます．なんとか今のうちにかつてのカワウソのくらしを推し量る情報をできるだけ集め，人や動物たちがどのようにくらしていたのか記録しておきたいものです．　　　一柳英隆

図44　人吉盆地の小さな支流の1977年（上）と2009年（下）の同じ場所の空中写真（国土地理院国土画像情報の航空写真の上に加筆）．それぞれ，矢印のところを川が流れている．このあたりでもカワウソの古い目撃情報がある．川の脇に黒く見えるのは森林．1977年は土地の改変が大きく進みつつある頃で，写真では左下のところはすでに圃場整備が終わり，右下が圃場整備中である．圃場整備のさいに川は直線化され護岸された．

31 熊本のカワウソとカッパ伝説

　環境省は2012年8月のレッドリストの改訂で，カワウソ（図45）を絶滅危惧IA類から絶滅としました．北海道では1955年，本州以南では1979年の高知県須崎を最後に生息の記録がないことが，その理由です．しかし，現在も高知県や愛媛県などではなお生息しているとして，その痕跡を追っている人も多く，目撃情報も後を絶ちません．カワウソは1928年に捕獲禁止となり，1965年に特別天然記念物に指定されています．

　日本では明治期前半，狩猟は野放しで，哺乳類や鳥類が急激に減少しました．カワウソは輸出用の毛皮を取るために乱獲され，軍用毛皮としての需要が大きくなるとさらに狩猟圧が強くなりました．大正期には全国で年間1,000頭以上の捕獲記録があります．毛皮は肌触りがよく，水をはじき，保温性が高いために重宝されたのです．また，胆のう（きも）は漢方薬として高い値段で取引されました．

　1902（明治35）年，熊本県は農商務省の委嘱で「畜産及び野生獣調査」を各郡で実施しました．それによるとカワウソの皮（水獺皮）は宇土郡20枚，上益城郡7枚，下益城郡8枚，八代郡2枚，球磨郡4枚，天草郡3枚の合計44枚が生産されています．5,200枚以上のタヌキ，約3,000枚のテンなどに比べると，数量はごくわずかですが，1枚あたりの価格は5円前後で，タヌキやテンの2〜5倍の高値でした．

図45　カワウソの幼獣の剝製．熊本市立熊本博物館蔵．許可を得て掲載．

カワウソは体長1m，体重8kgの中型の哺乳類です．川の中下流部から沿岸部という人里に近いところに棲み，水中で魚やエビ・カニなどを捕食します．頭から背はくすんだ褐色で，胸や腹は白っぽく，後ろ足で立ち上がったりします．その存在は目につきやすく，とても身近な動物だったに違いありません．藤井尚教氏（元 尚絅大学教授）は，1930年頃「五木村の川辺川の淵でカワウソを何回も見たし，何度も筌に入って死んでいた」という地元の人の証言を記録しています．

カワウソのイメージはカッパ伝説の形成に深くかかわっているといわれます．中世の辞書である「下学集」に「獺老いて河童になる」とあります．藤井氏の調査では九州でカッパの手（図46）として伝わる動物の手は3分の1がサル，3分の1がカワウソ，残り3分の1が不明でした．

熊本はカッパ伝説の発信地の一つです．菊池市にある天地元水神社の宮司の渋江家は水神を祀り，カッパを治めてきた家柄です．この神社に伝わる江戸時代の文書にはカッパの由来や，肥後を中心に九州だけでなく中四国地方にもカッパ封じの護符を配っていたことなどが詳細に記録されています．文書によると，カッパは「身長は60cmほどで，肌はエノキに生えるキノコの色，頭はくぼみ，体全体にぬめりがあり，悪臭がする．目は大きく輝き，爪が長く，動きは敏しょう……」．川の中を自由自在に泳ぎ，川岸で立ち上がったカワウソからの連想かもしれません．

カッパの伝説は，カワウソが人々のくらしのすぐそばにいた身近な動物であったことを今に伝えてくれるものとして興味深いものです．

矢加部和幸

図46　五木村の民家に伝わるカッパの両手．水かきがあり，カワウソとみられる．持ち主と撮影者の許可を得て掲載．

32　ツキノワグマの絶滅

　環境省は九州のツキノワグマを「絶滅のおそれのある地域個体群」に分類していましたが，2012 年 8 月のレッドリストの改定で「絶滅」したとしてリストから外しました．生息域とされる熊本，大分，宮崎の各県は 2001 年までに絶滅を宣言しています．ここでは九州のツキノワグマが絶滅にいたる過程をみていきましょう．

　九州のツキノワグマの捕獲記録は昭和 30 年代まであります．1957（昭和 32）年に傾山麓でみつかった子熊の死体が最後で，宮崎大学の中島茂が著した『上日向の動物』に記録されています．

　1987 年 11 月，祖母・傾山系で推定年齢 4 歳の雄が射殺されましたが，この個体は最近の DNA 解析の研究から福井県から岐阜県にかけて生息する東日本グループと同じタイプの遺伝子型をもっていることが確認され，「九州に持ち込まれた個体か，その子孫」という結論が出されました．

　『上日向の動物』によると祖母・傾山付近では明治時代に 4 頭，大正時代に 3 頭，昭和に入って戦前までに 6 頭が捕獲され，戦後は 1957 年の子熊 1 頭です．一方，大分県の加藤数功が行った祖母・傾山系の猟師たちの聞き取り調査によると，1931（昭和 6）年 12 月に宮崎県岩戸村

図 47　八代市の縦穴からみつかったツキノワグマの頭骨．熊本市立熊本博物館蔵．許可を得て掲載．

の猟友会が祖母・傾山系の笠松山で体重35貫（約140 kg）の雄を射殺したのが最後です．

　加藤は，祖母・傾山系の大分県側では明治以前に1頭，明治11頭，大正6頭，昭和1頭の計19頭が捕獲されたとしています．一方，同山系の宮崎県側では明治以前3頭，明治16頭，大正6頭，昭和6頭の計31頭が捕獲されたとしています．大分と宮崎を合わせると60頭になり，平均すると年に0.9頭のツキノワグマが冬，穴に入っているところをとらえられたり，イノシシ猟のさいにみつかり射殺されていたことになります．

　一方，林野庁の1963年版『狩猟免許者の鳥獣捕獲の統計』によると，大分県では1923（大正12）年と1924年にそれぞれ1頭，昭和に入って1930年3頭，1932年1頭，1935年4頭，戦後の1950年4頭，1951年3頭の計17頭．また，福岡県では1947年に13頭の記録があります．

　これらの記録や統計では重複や相違もありますが，明治以降も戦前まではツキノワグマが捕獲されていたことはあきらかです．しかし，この程度の捕獲で絶滅したということは，すでに生息数はかなり減っていたに違いありません．

　九州では「熊を獲ると七代祟る」といわれる禁忌があり，猟師はほとんど撃たなかったといわれます．一方で，その肉は滋養があると珍重され，胆のうは熊の胆（薬）として高価で取引されていました．

　環境庁（当時）の依頼を受けた野生動物保護管理事務所は1988年12月から翌年3月にかけて，専門家らによる祖母・傾山系と九州山地で本格的な調査を実施しました．猟師ら105人から聞き取った情報から調査区を設定して，ツメ跡，枝折り跡，円座，フン，足あと，樹洞，岩穴などをくまなく調べました．その結果，傾山の北東斜面標高1,200 mの地点でミズメの幹に成獣のツキノワグマのツメ跡を確認し，1987年に射殺された個体以外のツキノワグマがいる可能性が高いという結論をだしました．

　ツキノワグマは四国には十数頭，本州では8,000～1万2,000頭が生息しているといわれます．毎年2,000頭ほどが狩猟または駆除されており，2008年はツキノワグマが人里によく現れ，4,000頭以上が捕獲されました．現在でも駆除による捕獲が狩猟の4倍にのぼっており，人とツキノワグマのかかわり方が問われています．　　　　　　　　　　　矢加部和幸

33 阿蘇のキツネはどこに棲むか

　私が阿蘇に生息しているキツネを本格的に調査しはじめたのは40年以上前の1969年のことです．それまでは，阿蘇のキツネについては地元の人々の間でその存在が知られている程度で，彼らが何を食べるのか，どのように行動するのか，どれくらいの範囲を移動するのかなど，さまざまなことが未知のままだったのです．

　当時，私は矢部高校で生物の教師をしていました．はじめは地元の人たちへの聞き取り調査からはじめました．他の生物を調査するときにも同様ですが，まずはその生物がどこにいるのか（分布）を把握しなくてはいけません．しかし，聞き取り調査で「あのあたりでキツネを見た」という情報が得られても，巣穴がどこにあるのかはなかなかわかりません．

　そこで私は高校の生徒たちにキツネの巣穴をみつけてもらうことにしました．「キツネの巣穴をみつけたらラーメン1杯」という約束をしたのです．効果はてきめんで，あちこちに点在する巣穴を把握し，キツネ

図48　阿蘇のキツネ．熊本県山都町にて1976年頃撮影．

の存在を確かめることができました.

　キツネの巣穴を調査していくと，ある特徴に気づきました．それは巣穴の場所です．阿蘇のキツネは，林の中や岩の裂け目といっためだたない場所ではなく，見晴らしのよい原野に巣穴を掘ります．

　阿蘇の原野では毎年野焼きが行われます（第23話）．動物がもっとも恐れる炎と煙に原野が覆われるのです．なぜこのような危険な場所に巣を構えるのでしょうか？

　その理由は環境です．原野にはネザサやシバが生えており，それらの根が地表から30 cm程のところまでびっしりと絡んでいます．キツネはこの根の下に巣穴を掘ります．こうすることで，巣穴は絡み合った根という丈夫な天井に守られ，野犬などの天敵が巣穴を掘り崩すことがひじょうに困難になります．また，雨水が根に吸収されることで，巣穴に水が浸入することも少なくなるでしょう．さらに，原野には餌となる動物や植物が豊富であることも関係があると思います．

　阿蘇の原野は野焼きを毎年行うことで保たれています．その生態系のピラミッドの頂点であるキツネが阿蘇に生息し続けるためにも，阿蘇の原野を守っていくことが大切です．　　　　　　　　　　　中園敏之

図49　『阿蘇のキツネ』の表紙（中園，1973）．阿蘇にくらすキツネの生態にせまった本．

34 阿蘇のキツネの生態をさぐる

　あちこちに点在する巣穴を把握し，キツネの存在を確かめたら，次はキツネが何を食べているか（食性）を調べました．

　哺乳類の食性を調べる方法はいくつかありますが，もっとも簡単なのは糞を集めて分析することです（第94話）．

　ふつう，野生動物はけもの道を通るため糞の採集はそう簡単ではありません．しかし阿蘇に生息するキツネは，敵に追われるなどしないかぎり，好んで人の通る道を歩きます．そのため，目を凝らしながら山道を歩いているとよく見つけることができます．さらに，キツネは道のわきにある石や倒木，土手の端など，わりと目につくような場所に糞をするようで，そういった場所でもよく発見されます．また，子ギツネのいる春には，巣穴のまわりでもよく糞が採集できます．

　そのようにして採集した糞は，よく洗ってふるいにかけて，中に含まれている毛や骨などの消化されずに残ったものを分析します．

　分析の結果，阿蘇のキツネは春には野ネズミやウサギをおもに食べており，秋や冬には昆虫や植物の果実を食べることがわかりました．阿蘇のキツネは，季節によって主食が変わるのです．また，糞の中にビニー

図50　阿蘇のキツネ．電波発信器を装着した個体．熊本県山都町にて1980年8月撮影．

ルや紙など，人工物が含まれていることもありました．これは，キツネがゴミをあさっていることを示します．意外にも人間社会にも頼っているようです．

さらに行動についても調べました．調査方法は「テレメトリー」と呼ばれる発信器によるキツネの追跡調査で，日本で初めての試みでした．キツネに小型の発信器を付けたハーネスを装着し，発信器から出る電波を2ヶ所で受信することで，正確にそのキツネの居場所を探ることができました．

1971年5月に行われた第1回目の調査と，翌年4月に行われた第2回目の調査によって，阿蘇のキツネの生活リズムや行動範囲があきらかになりました．阿蘇のキツネの行動範囲は約 $1\,\mathrm{km}^2$ と，アメリカのキツネの半分以下です．阿蘇のキツネは，野山の動植物だけでなく人家から出る残飯などを食べることで，狭い範囲でも生きていけるのでしょう．

また，阿蘇のキツネは昼間にもよく活動することがあきらかになりました．一般的に夜行性と考えられているキツネですが，生活環境によって生活リズムを変えることもあるようです．キツネの強い適応力を示す良い例といえます．

このように，阿蘇のキツネは，ほかの地域に生息するキツネについて一般的に言われているような事実に加えて，彼らならではの生活スタイルをもっているのです．

中園敏之

図51　テレメトリー調査．電波発信器のついたキツネの位置をアンテナと受信器で追跡する．1976年頃撮影．

第2章　食肉目（ネコ目）

35 キツネにばかされた話

　中園敏之先生は1969年からキツネの研究をはじめられました（第33, 34話）．方法は，野生動物の行動調査として当時新しい手法であったテレメトリー法です．動物に取り付けた発信器の電波をたよりに，その行動を調べます．目的はキツネの社会をあきらかにすることでした．

　先生は矢部高校での勤務が終わると，ほぼ毎日調査に出かけていました．同じ職場だった私も1日おきくらいにお手伝いしていました．月に一度は連続24時間の調査も行いました．

　聞き込み調査ではキツネにばかされた話を聞くこともありました．たとえば「宴会の帰り道にだまされて，気がついたら田んぼの中に寝ていた」などです．酒を飲んだときの失敗をキツネのせいにしていたようですね．

　1978年の梅雨の終わり頃，私たちは不思議な体験をしました．この日も連続24時間の追跡調査をしていました．一頭のキツネの電波をキ

図52　雪のなかのキツネ（長尾圭祐　画）．

ャッチし，日没から追跡を続けました．午前0時近くになり電波に変化がないので「キツネは休憩中だろう」と判断し，集落から離れた農道に車を止めて待機しました．

キツネは真夜中になるとしばらく休み，明け方近くにまた動き出します．中園先生が「今夜はこのまま，ここで待つとするか」と言って間もなく，電波に変化がありました．「おっ！　動き出したな」，受信器からのピイッピイッ，という音が次第に大きくなりはじめました．「近づいてくる！　この農道は一本道だから，こちらに向かっているぞ！」，中園先生の目が輝きだしました．「今日はキツネの姿を確認できる」ワクワクしながら車の中で息をひそめて待ちました．

雨は強くなっていました．さらに受信音が大きくなり，音が連続してきました．「もうすぐ目の前だ」「車のライトを点けるぞ」「ピピピピ……ビー」「今だ！」，中園先生が車のライトを点けました．

「うわあっ！」そこには傘をさした男の人が立っていました．キツネの姿はありません．私たちは車の座席に身を伏せました．すると，その男の人はこちらに顔を向けることもなく，車の横を通り過ぎていきました．私たちは，驚きと恐怖で体を動かせずにいました．

数秒後，受信音が「ピッ，ピッ，ピッ……」と変化し，キツネは遠ざかっていました．

しばらくして落ち着きを取り戻した二人は「今のはいったい……？」「雨降る真夜中に，こんな場所になぜ人がいる？　この先は行き止まりなのに！」と話しました．考えはじめると恐ろしく，朝までの調査予定を切り上げ，すぐさま家路についたのです．

翌日，この出来事を二人で振り返りました．「あの男の人のすぐ後ろをキツネがくっついて歩いていた，と考えることもできるが……」「やっぱりキツネにばかされたんだろうね」

ほんとうに不思議な体験でした．

藤吉勇治

36　意外とあなたのそばにも　タヌキ

　この本を読んでいる方で，今までにタヌキを見たことがある人は意外と多いかもしれません．哺乳類のほとんどは夜行性で，なかなか出会う機会がないのですが，タヌキは私たちが生活する場所の近くにもくらしているため，出会う機会があるのでしょう．

　私がかよう熊本大学は熊本市の中心にあります．そのすぐ裏にある立田山にもタヌキがいます．自動撮影カメラを設置してみたところ，夜中や明け方に活動しているタヌキが写真に写りました．昼間には人間が散歩をしている遊歩道のすぐそばにもタヌキがいることを知り，私自身もとても驚きました．

　タヌキは図53のような動物です．尾はふさふさしていて，目の周りは黒毛のやや濃いパンダ模様です．タヌキはイヌ科の哺乳類なので，顔をじっと見るとイヌに似て見えます．おもに果実や昆虫などを食べる雑食性で，時には哺乳類などの死体を食べたりしているようです．何を食べているのかは糞を調べればわかります．

　タヌキには「ため糞」と呼ばれる共同トイレをもつ習性があります．複数のタヌキが同じトイレ（糞をする場所）を何度も利用するのです．そのため，古い糞の上に新しい糞が次々とたまります．

　ため糞には食物の場所など生きていくために必要な情報を交換する役割があると考えられています．実際に，立田山にも住宅地のすぐそばにため糞があり，そこで糞をするタヌキを自動撮影カメラで確認することができました．

　このように，都会や里山のタヌキは私たちが生活する場所の近くにくらしているため，人間の生活の変化に大きな影響を受けることがあります．

　毎年，多くのタヌキが交通事故で死亡しています．より多くの人が自家用車をもつようになったことや，タヌキの生息地である森や農地を横切るように舗装道路がつくられたことなどが原因で，交通事故の犠牲になっているのです．

　また，ペットの病気がタヌキに広がっています．タヌキはイヌと近縁

なのでイヌの病気がうつりやすいのです．たとえば，疥癬（かいせん）（ダニの一種が皮膚の下に寄生することで強いかゆみが生じる病気）は10年以上前からタヌキの間で流行を繰り返しています．かゆい部分をかきすぎて毛が抜けてしまい，ついには全身の毛がなくなります．毛の保温効果がなくなり，寒さに耐えられず死んでしまうタヌキが増えています．

　さらに，最近では，ここ熊本でも話題になっている外来種のアライグマがタヌキの生活を脅かしてしまうのではないかと心配されています．アライグマは繁殖力や環境への適応能力がとても高く，雑食性で，さまざまな在来の小動物を捕食するため，地域の生態系を大きく変えてしまうおそれがあるのです（第40話）．

　都会で生活する私たちにとって大切なことは，このようにタヌキなどの哺乳類が私たちの生活しているすぐそばでくらしているということを知ることでしょう．少しでも多くの人が彼らのくらしに興味をもち，私たちのすぐそばに私たち以外の生物が生きているということを感じることができれば，多くの生物を守ることができるようになると私は思います．

村山香織

図53　2頭づれのタヌキ．数頭のタヌキがいっしょに撮影されることがよくある．立田山（熊本市）にて2014年1月29日撮影（安田雅俊）．

37 アナグマ，あらわる

　私の目の前をアナグマ（図54）が歩いています．地面に鼻先を近づけて脇目もふらずに歩いています．落ち葉の下の餌となる小動物を探しているようです．夕方ですが，まだ日没前の明るい時間帯です．私は息をひそめ，アナグマの動きを目で追っています．あと数メートルのところまでアナグマが来ました．ぽっちゃりとした体で，ノソノソと歩く姿は少し滑稽です．と，そのときアナグマは私に気づき，あっという間に走り去りました．私が職場でアナグマを自分の目で見たのはこれが初めてでした．

　アナグマはイタチ科の動物で日本の固有種です．本州，四国，九州に分布しています．かつてはヨーロッパからアジア，日本に広く分布するアナグマはすべて同じ種と考えられていましたが，最近の研究で形態や遺伝的な違いが認められため，ヨーロッパアナグマ，アジアアナグマ，アナグマ（ニホンアナグマ）の3種に分けられました．

図54　アナグマ．昼間も活動することがある．立田山（熊本市）にて2014年4月22日撮影．

毛皮も肉も良質なため，かつては多くのアナグマが狩猟され，全国的に数が減りました．熊本でも個体数が少ないと考えられていて，県のレッドリストで要注目種に区分されていました．その後，十分に個体数が回復したと判断されたため，2014年の改訂でリストから外されました．

　私の職場は熊本市の中心部に位置する立田山の中腹にあります．標高150 m，面積約5 km^{2}の山で，照葉樹林の二次林や人工林でおおわれています．周囲は住宅地や交通量の多い道路に囲まれていて，周辺の森林からはまったく孤立しています．この山でアナグマを見たという情報が近くの住民から届いたのは2011年秋のことでした．私は半信半疑でした．それまで数年間，調査してきましたがアナグマがいる証拠はみつかっていなかったからです．

　情報提供者の協力を得て，アナグマがよく出没するという場所に自動撮影カメラを仕掛けたところ，数日後に本当に写りました．アナグマは夜行性ですが，写真の撮影時刻から昼間もよく活動していることがわかりました．

　どこから来たのかはわかりませんが，アナグマが立田山にやってきたのはあきらかです．次の問題は，すぐにどこかに行ってしまうのか，あるいは定着するのかということでした．しかし，秋が深まるとともにアナグマは写らなくなくなりました．寒さが厳しい間は活動が不活発になるのです．これは冬眠ではなく，冬ごもりと呼ばれます．

　翌年の初夏，知人からうれしい知らせが入りました．早朝に立田山を散歩していて，乳房が大きいアナグマ1頭と近くの側溝から顔を出している2頭の子を見たというのです．子が産まれたということは，立田山には複数のアナグマがいて繁殖していることを意味しています．このことから，アナグマが立田山に定着していることが判明しました．それから毎年，「立田山でアナグマを見た」という報告が私の元に入ってくるようになりました．

安田雅俊

38 美しい毛皮の持ち主　テン

　毛皮は哺乳類の特徴の一つですが，ヒトは毛皮をもちません．そのためヒトは古くからいろいろな動物の毛皮を防寒やおしゃれ着として利用してきました．

　テンは，その美しさのために積極的に利用され，40年くらい前までは乱獲により生息数が少なくなったこともありました．とくに，寒い地方では冬に美しく鮮やかな黄色となり，「キテン」と呼ばれます．九州では冬が暖かいため「キテン」はほとんど見られず，年中褐色をした「スステン」が主です．それでも，冬には喉から胸にかけ鮮やかできれいな黄色の毛が密生します．

　テンは体重1.1～1.5 kgの中型の哺乳類で，おなじ食肉目イタチ科のイタチ類とみまちがわれることがよくあります．わが国には北海道に近縁種のクロテン，対馬に亜種のツシマテンがいます．本来，テンは本州，四国，九州に分布していましたが，佐渡島や北海道に野ねずみ駆除などの目的で導入されたため，現在ではほぼ全国に分布します．これを国内外来種と呼びます．

　イタチ科のなかまには，おもな生息空間としてイタチのように地表面で生活するもの，アナグマのように地中に適応するもの，カワウソのように水辺を利用するものがいて，テンは樹上に適応した動物と言えます．

　九州のテンがどのような生活をしているのかを調べてみました．調査はおもに大分県の久住で行いました．電波発信器をつかったテレメトリー調査から約80％の時間を森林ですごすことがわかりました．

　次に，糞内容分析を行いました．すると，ネズミなどの動物質だけでなく，34～49種ものさまざまな植物の果実類を餌としていることがわかりました．餌は季節によって変化し，1年間の生活のサイクルと関連していると考えられます．

　テンは夏に交尾して受精しますが，受精卵は翌年の春になるまで子宮に着床しません．これを遅延着床と言います．雌が着床・妊娠して出産する春は，果実類がほとんどない季節にあたります．妊娠には良質のタ

ンパク質を必要とするので，この時期は哺乳類や鳥類を中心に食べます．授乳期の初夏は，春に花を咲かせた植物が実をつける時期にあたり，豊富な果実を利用できます．離乳や巣立ち時期の夏は，わりと捕まえやすい昆虫類や多足類を中心に，子の成長のために必要なタンパク質を確保します．秋の豊富な果実類は，越冬に必要な脂肪をつけるのに重要です．また，親離れしたばかりの子にとってはみつけやすく食べやすい餌でもあります．そして，生き残りが厳しい冬は，秋の果実類の残りに加えて，人間がだす残飯など手に入るあらゆる食物を口にする傾向があります．

テレメトリー調査の結果から，テンの行動圏（生活の範囲）は地域や生息環境によって異なりますが，日頃利用している範囲は長径約 550 m で，ときどき 1～2.5 km の遠出をすることがわかりました．

さらに，糞の中の DNA を解析することで，糞をした個体の識別ができるようになりました．その結果から，ある地域にくらすテンのうち，その土地に定住している個体の割合は小さく，多くは定住していない個体であることがわかりました．ただし，定住期間の長い個体は，少なくとも 4 年以上同じ場所を行動圏にしていました．

テンは，国内外来種である佐渡島ではトキを襲う悪者として，北海道では在来のクロテンを脅かす存在となっています．これらはヒトの責任です．そのような地域でも，テンは果実を食べることで種子を散布する「運び屋」として，天然林の保全に重要な役割を果たしています．

荒井秋晴

図 55　テン．樹上でもよく活動する．夏と冬で毛の色が変わる．写真は冬毛．大分県九重町にて 2006 年 1 月 2 日撮影（岡田　徹）．

39 在来のイタチ，外来のチョウセンイタチ

「いたちごっこ」,「いたちの道切り」,「いたちの最後屁」などイタチにまつわる言葉が多くあります．イタチは古くから私たちになじみ深い動物だったようです．

このような言葉のもとになったイタチは，古くから日本（北海道には1880年代に人間が導入）に生息している，在来種のイタチ（別名ニホンイタチ）です．ところが戦後，大陸から持ち込まれた外来種のチョウセンイタチが広がり，現在本州の中部地方以南，四国および九州ではこれら2種のイタチ属が生息しています．

雌雄を比較して，一方の性の体の大きさや形態が他方の性と違うことを「性的二型」と言います．イタチは雄が雌より大きく，その典型です．

2004～2005年，熊本野生生物研究会は熊本県内のロードキル（交通事故）の調査を行いました（第90話）．道路を管理する部署に依頼して，車にひかれて死んだイタチなどの動物の死体をもらいうけました．

計測の結果，イタチの雄は頭胴長29～35 cm，尾長11～15 cmで，雌は頭胴長31 cm，尾長11～14 cmでした．一方，チョウセンイタチの雄は頭胴長32～42 cm，尾長14～24 cmで，雌は頭胴長28～36 cm，尾長11～22 cmでした．チョウセンイタチの方が若干大きめですが，体のサイズは種間でかなり重複していることがわかります．

これまで，イタチとチョウセンイタチの区別には，あいまいな基準が使われてきました．たとえば，目撃の場合には毛の色や見た目の大きさの違いで判断したり，捕獲の場合には尾率（尾長÷頭胴長×100％）が50％前後ならチョウセンイタチ，40～45％ならイタチと判断したりといった具合です．

私たちの調査でDNAによって種を同定した個体を対象に検討したところ，頭胴長や尾長，尾率といった一つひとつの計測値にもとづいて両種を判別するのは難しいことがわかりました．そこで複数の計測値の関係をみると今度はうまくいきました．具体的には，頭胴長と尾長の間の関係を散布図にすれば，頭胴長34.6 cm以下かつ尾長14.2 cm以下では

イタチの可能性が，それぞれ 28.3 cm 以上かつ 14.2 cm 以上ではチョウセンイタチの可能性がひじょうに高いことがわかりました．

チョウセンイタチは，1930 年頃大阪府尼崎市で毛皮のために養殖されていた個体が逃げ出し，その子孫が東西に分布を拡大していると言われています．九州では，尼崎市とは別に 1945 年頃，終戦の混乱時に船荷などにまぎれて門司港や博多港に侵入したと考えられています．

その後，国道 3 号線沿いに南下し，1975 年頃には熊本市に達したとみられます．現在では，九州本島全体に拡大しています．

外来種のチョウセンイタチは在来種のイタチの生息環境を脅かしています．DNA にもとづいて県内のロードキル個体の種同定を行ったところ，在来種のイタチが占める割合は平均 12 ％とひじょうに低いことがわかりました（図 56）．一方，天草（40 ％）や鹿本地区（15 ％）では在来種の割合は比較的高く，また九州の河川沿いにはイタチが多く生息しているとも言われています．在来種イタチを守るために生息環境の保全が必要です．

荒井秋晴

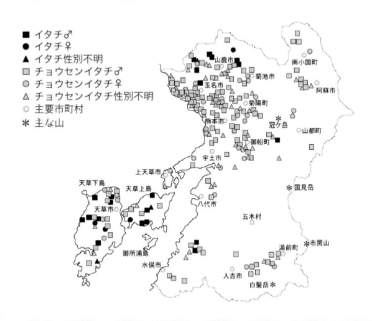

図 56　熊本県内におけるイタチとチョウセンイタチの分布（2004 〜 2005 年時点）．

40 放すのも，捕らえるのも人間
アライグマ

　テレビアニメ「あらいぐまラスカル」（1977年放送）で有名になったアライグマは北アメリカ原産の食肉目アライグマ科の動物です．

　テレビのラスカルがあまりにも愛らしく描かれていたため，ペットとしての人気が高まり，たくさんのアライグマが日本に輸入されました．テレビの主人公たちは，飼いきれなくなったラスカルを「森へお帰り」と言って森へ放しました（もちろん原産地での話です）．

　そして日本でも，飼いきれなくなった人が，日本では外来種のアライグマを野山に放してしまうということが起こりました．今では北海道から九州まで，日本全国で外来種のアライグマが野生化し，大きな被害を与えています．

　アライグマの被害は農作物被害（全国で年間約3億円，2009年度）だけではありません．アライグマは雑食性で，多くの小動物を食べるため自然生態系に深刻な被害を与えます．

　最近，奈良の東大寺を訪れたとき，道わきの水路に「野生化したアライグマの被害によりサワガニが激減しています」という掲示があるのをみつけて驚きました．これも金額に換算することが難しい生態系被害の一つです．

　アライグマは2005年に特定外来生物（第104話）に指定され，輸入や飼育，野外へ放すことが禁止されるとともに，外来生物法による防除の対象となりました．被害を減らすためには個体数を減らすことが必要だからです．

　アライグマの捕獲は日本各地で行われています．2010年度には34都道府県で24,119頭が捕獲されました．九州での分布は北部3県（福岡県，佐賀県，長崎県）に集中しており2,157頭が捕獲されました．分布は拡大傾向にあり，熊本県，大分県，宮崎県でもすでに生息が確認されています．

　県内の生息情報はこれまでかぎられていましたが，最近急増しています．これは個体数の増加と分布の拡大を反映していると考えられます．

特定外来生物に指定される前は県内でもアライグマが飼われていました．新聞報道によれば，熊本市（1992年）と大津町（1998年）でアライグマが捕獲され，飼い主の元に返されたり，熊本市動植物園に引き取られたりしています．その後は，熊本市における捕獲（2010年）や御船町における自動撮影（2012年；第41話）といった散発的な確認にとどまっていました．

　ところが，2014年には，荒尾市における捕獲，菊池市における自動撮影，小国町における捕獲など，たてつづけに県北部で確認されています．確認地点は互いにかなり離れており，アライグマがあちこちで県境を超えて南下してきていることをうかがわせます．早急な対策が必要です．

　外来種対策では早期発見，早期対策が重要です．アライグマの特徴は尾のしま模様です．もし，アライグマらしい動物をみかけたら，尾のしま模様を確認して写真を撮ってください．そしで最寄りの市町村の担当部署に連絡をお願いします．

安田雅俊

図57　特定外来生物アライグマのチラシ．2011年5月，県北の生産者に配布して注意をよびかけた（作成：熊本野生生物研究会）．

41　アライグマ撮影事件

　私が御船高校生物部の顧問になったとき，どのような活動をしたらよいか，少し悩みました．自分自身がかつて生物部に所属していたわけでもなかったからです．考えたすえ，骨格標本作りやサツマイモの栽培など，「自分が好きなこと」を生徒と一緒にすることにしました．そのうちの一つが，自動撮影カメラを使った地元の哺乳類調査でした．
　学校のすぐ近くの里山にカメラを仕掛けると，タヌキやアナグマ，テン，イノシシ，ニホンジカ，ノウサギ，ネズミなどが次々と撮影され，「学校の近くにこんなにたくさんの動物がくらしているなんて！」と生徒たちは感動していました．
　たしかに野生の哺乳類というのは，ふつうに生活していたら見る機会はまずありません．また，タヌキやノウサギはともかく，アナグマやテンといった動物は存在すら知らなかった生徒もいたほどです．
　調査を続けていくうちに，生徒たちも撮影された動物種がだいたいわかるようになりました．そして集まったデータを文化祭で発表するなどして生物部の活動が学校内に浸透してきた頃，あの思いがけない事件が起こったのです．
　2012年3月，撮影された画像を生徒が確認していたときです．いきなり，「先生，タヌキが立っています！」という声が聞こえました．「タヌキは立たないだろう」と思いながら画像を見てみると，そこにはたしかに後ろ足で立つ動物の姿が！　そして尾にはしましま模様……（図58）．
　当時は熊本県で未確認※とされていた特定外来生物のアライグマでした．正直，ヤバイものが写ってしまったと思いました．すぐに環境省の九州地方環境事務所や県の自然保護課に連絡をしたところ，生物部は新聞やテレビの取材を受けることになりました．最初は事態をよく理解していなかった生徒たちも，だんだんと外来生物の問題について考えていくようになりました．
　けっして喜ばしい発見ではありませんが，このアライグマ撮影事件は生物部の生徒たちにとって，これまでに行ってきた調査の一つの成果と

して，自信につながったのではないかと思います．何事も継続することで，思いがけない成果が出ることがあるのですね．　　　　　　越野一志

※2012年のこの事件でアライグマがニュースになった後，2010年の熊本市での捕獲（第40話）が関係者から報告されました．

図58　熊本県内で初めて撮影されたアライグマ．熊本県御船町にて2012年3月3日撮影．

42 水俣の「ネコ400号」の教訓

　ネコはイヌとともに古くからヒトのそばにいる動物です．熊本でヒトとネコとのかかわりといえば，水俣病を紹介しなければなりません．水俣病は未曾有の環境災害＝公害問題であり，人権問題でもあります．

　重化学工業の発達と高度成長期にあたる1952年頃，熊本県南部の有明海に面した水俣市は，当時5万人の人口を抱えていました．この水俣市に4,000人の従業員を抱え，ビニール製品の原料生産をしていた新日本窒素肥料水俣工場（のちのチッソ水俣工場）がありました．関連企業を合わせた従業員数は水俣市の就業人口の約半数にも及びました．

　1952年，水俣湾周辺の漁村などでネコやカラスなどが多数死亡する異変が発生しました．そして「猫踊り病」と呼ばれる特異な神経症状を呈して死亡する住民がみられるようになりました．翌1953年には水俣湾で魚が浮き，ネコの狂死が多数発生しました．

　1956年4月21日，会話もできず，全身を痙攣させる，見たこともない症状をもった5歳の少女が新日窒素水俣工場附属病院に入院しました．この時，少女の母親は「同じような，病気の人が近くに何人もいます」と当時の細川 一病院長に伝えていました．1週間後にはこの少女の妹も入院し，その後も同じような症状をもつ2人が入院しました．

　同年5月1日，細川院長は「原因不明の脳症状を呈する患者4人が入院した」と水俣保健所に報告しました．この日は水俣病公式発見の日とされ，水俣病犠牲者慰霊式が毎年行われています．

　細川院長らの現地調査でも，患者の多くが漁業または沿岸部に住んでいたことが確認されました．11月までに54人の患者が確認され，17人が死亡しました．

　1957年，細川院長は魚介類や工場排水に含まれる物質を混ぜた餌を数ヶ月与えたネコのようすを観察する実験を開始しました．

　1959年7月，熊本大学の研究班が工場排水に含まれる有機水銀が原因であると発表しました．これはこの病気の原因を突き止める糸口にもなりました．

細川院長は，工場のある過程で生じる廃液を実験開始から400匹目のネコに与えました．この「ネコ400号」は実験をはじめて77日目の朝，1959年10月7日，全身を痙攣させ水俣病と同じ症状を発症しました．原因が会社の排水にあるというこの事実を細川院長は会社側に報告しましたが，会社はそれを隠ぺいしました．

　1968年9月，当時の厚生省と科学技術庁が政府見解を出し「水俣病は公害」と認定しました．その中で原因はチッソの排水であるという熊本大学の研究結果を採用しましたが，「あまりにも遅い」と当然の批判にさらされました．

　1969年10月15日ついに水俣病第一次訴訟が起こされ裁判がはじまりました．

　チッソは「排水に有機水銀が含まれていることを，当時は知らなかった」と主張しましたが，細川院長は1970年7月4日，入院していた東京の癌研究会附属病院での裁判所による臨床尋問で「ネコ400号の件を会社側は知っていた」と証言しました．

　1973年3月20日，熊本地方裁判所で「チッソは水俣病の原因が有機水銀と認識しながら，工場排水を流していたという過失責任がある」という患者側勝訴の判決が下りました．

　しかし，なお水俣病は未解決のままであるばかりか風化されつつあります．

　400号に代表されるようなネコたちも含め，多くの海や陸の生物もまた犠牲者です．

　細川院長は晩年，「人命は生産より優先するということを企業全体に要望する」というメモを残しています．

　人は環境に十分配慮しつつさまざまな活動を行うことが求められます．それが水俣の「ネコ400号」の教訓です．

高添　清

43 お稲荷様とキツネと日本人

　お稲荷様はキツネではありません．お稲荷様のご眷属(けんぞく)（神の従者）がキツネです．ただ，お稲荷様がコンコン様と呼ばれるように，よく同一視されます．

　じつはキツネとお稲荷様の関係はよくわかっていません．一説では仏教のダキニ天という，もともとはインドの神様とお稲荷様が習合(しゅうごう)し，ダキニ天が乗るジャッカルがキツネに似ているからと言われます．また，古代に神聖視されていたオオカミが，より身近なキツネと混同されたという説もあります．それから，キツネの毛色とふさふさした尾が，秋の稲穂（＝豊穣）に通じるからという説もあります．

図59　お稲荷様とされる磐座（いわくら）．磐座とは信仰の対象となる岩のことである．岩の割れ目にキツネが置いてある．北請稲荷もかつてはこれと同様な形態であったと推定される．熊本県天草市の山中にて，地域住民の案内で撮影．ただし，磐座の詳細や祭祀に関する情報は不明．2013年8月6日撮影．

そのお稲荷様とキツネにまつわる熊本県内の事例を紹介します（図59）．まずは，天草の大江地区にある北請稲荷です．大江地区は"かくれキリシタン"で有名な土地ですが，本来は多様な信仰をもつ地域で，ウシを連想させる牛頭天王や妖蛇の伝承，地の神や山の神など，動物や自然を連想させる信仰が多くあります．

　古老の話によれば，この北請稲荷には生卵をお供えしていたそうです．それは「キツネが生卵を食べる」というイメージからきているようです．ただ，皮肉なことに，現在の天草諸島にはキツネは生息していません．

　次に，熊本空港近くの農村である大津町の中島地区です．古老の話では，現在の熊本空港一帯にはかつてキツネが多く生息していたそうですが，空港建設後はほとんど見なくなったそうです．また，この地区は白川に接していますが，その対岸（大津町陣内地区）にお稲荷様があります．この社はカッパ伝説で有名な七障子淵の近くにあり，現在はわかりませんが，そこにはかつて「キツネの穴」と呼ばれる神聖な場所がありました．本当にキツネの巣穴なのかはわかりませんが，以前は小さな穴の前に朱色の鳥居が置かれていました．

　ところで，日本各地には「キツネ憑き」の伝承があります．多くの伝承では，憑かれた人はぴょんぴょんと飛び跳ねたと言いますが，この動作はキツネのイメージと関係しているようです．そして，キツネ憑きをはらうのに有効とされたのがオオカミの牙や頭骨でした．それには，オオカミが他の動物を捕食し生態系の頂点にあるというイメージが関係しているようです．

　余談ですが，幕末の日本では，「あ免里加狐（アメリカギツネ）」の噂がありました．その頃頻発した伝染病や天変地異などを，異国の黒船が放ったキツネの仕業だと当時の日本人は考えたのです．キツネ憑きからの連想で，「あ免里加狐」を追い出すためにオオカミの牙や骨が必要とされました．そのため多くのオオカミが狩られ，オオカミ絶滅の遠因となったと言われています．これが事実なら，人間の意識や行動の変化が生物の絶滅に影響を与えた一例となるでしょう．

　自然環境と人文環境は互いに強く結びつきます．環境を学ぶ人は，民俗や文化を知らないといけないですし，民俗や文化を学ぶ人も自然を知らないといけないということだと思います．　　　　　　　　大田黒司

44 くまモンはクマなのか？

　中央部を「へそ」というなら，熊本はまさに九州の「へそ」と言えます．その熊本にくまモンがいます（図60）．ここではくまモンとはどのような生きものであるのか，哺乳類学の知識を総動員して考えてみたいと思います．

　くまモンのオフィシャルサイトによると，くまモンの誕生日は九州新幹線全線開業の日（3月12日）です．また，「雄じゃなくて男の子！」と書かれているので，性別もわかります．職業は公務員です．しかし，くまモンが何者なのかはそこには書かれていません．

　まず，くまモンがクマであると考えてみましょう．その証拠となるものがあるでしょうか？　体型は種を特定する証拠としては十分ではありません．なぜなら，体型は栄養状態によって変わるからです．

　くまモンは日本の在来種であるツキノワグマでしょうか？　いえ，その可能性は低いでしょう．なぜなら，ツキノワグマの特徴である胸の白い

図60　山奥で出会ったくまモン．梅の木轟公園吊橋（熊本県八代市）にて2012年5月27日撮影．

「月の輪」の模様がまったくないからです．また，つねに二足歩行することから，四足歩行するはずの野生のクマ類ではないと考えられます．

　ふつう，動物の種を特定するには体のいろいろな部分を計測して，すでに知られている種と比較したり，遺伝子を分析したりします．しかし，そのようなデータを得ることは難しそうです．

　いや，一つありました．くまモンの足あとです！　哺乳類の種を特定するときにとても重要となるのは後足の形や大きさです．オフィシャルサイトに公開されているくまモンの足あとをみると，後足に指が3本しかないことがわかります（図61）．これはクマ類のものとは大きく異なります．本物のクマ類の後足の足あとには指が5本あり，それがほぼ横一列に並んでいるのです．これらのことから，くまモンはクマ類ではないと考えられます．

　では，くまモンは哺乳類でしょうか？　哺乳類というのは母乳で子を育てる生きものです．しかし，くまモンは男の子なので，母乳を子に与えている姿をみることはできません．今のところ配偶者もいないようですし．哺乳類のもう一つの特徴である「へそ」の有無はよくわかりません．

　このように，くまモンはクマ類ではないばかりか，哺乳類ですらないかもしれません．人の言葉をよく解することから，おそらく知的生命体の可能性が高いでしょう．もしかして，宇宙から？　残念ながらこの事実は熊本県によって公式には認められていません．　　　　　安田雅俊

図61　くまモンの足．後足の裏の形態がクマと異なることから，くまモンはクマ科の動物ではないようです．
©2010 熊本県くまモン

第3章　齧歯目（ネズミ目）
ヤマネ・モモンガ・ムササビ・リス・ネズミ

　ネズミやリスなどを含む齧歯目（ネズミ目）は齧歯類とも呼ばれ，哺乳類の中でもっとも種数が多いグループです．体が小さな種が多く，あまりめだちませんが，じつは哺乳類の中でとても繁栄しているグループなのです．全世界で2,262種が知られており，哺乳類の全種数の約4割を占めています．

　その理由は歯にあります．齧歯類の特徴は，その名のとおり「齧るための歯」がよく発達していることです．まるで大工道具のノミのように長くとがった前歯（切歯）が上下に2本ずつ計4本あり，他の動物が利用しにくい固い食物を食べるのに役立っています．齧歯類全体では，草や木，竹などのさまざまな部分（葉，花，蜜，果実，種子，根，地下茎，樹皮，樹液），キノコ，昆虫，鳥の卵や雛といった，じつに多様な食物を利用します．

　切歯は生涯伸びつづけ，ものを齧ることで削れ，鋭さと長さが一定に保たれます．切歯で小さく削りとられた食物は，奥歯（小臼歯と大臼歯）ですりつぶされます．ところが，これらの歯は切歯とちがい，生涯伸びつづけることはありません．そのため，固い食物を食べつづけて奥歯がすりへってしまうと，十分な栄養がとれなくなり死んでしまいます．つまり歯が個体の寿命を決めるのです．

　日本には30種の齧歯類が分布しています．23種が在来種で，7種が外来種です．そのうち14種が熊本県に分布します（ただし，最近確認されていないニホンリスとヌートリアを含みます；図62）．

ヤマネ科

　ヤマネ1種が分布しています．ヤマネは日本固有種で，国の天然記念物に指定されています．夜行性で樹上の昆虫や果実，花の蜜などを食べます．夏の体重は20g程度ですが，冬眠前には40g程度まで太ります．これは長い冬眠にそなえてエネルギーを蓄えておくためです．背中に黒い1本の線があるのが特徴です．尾に毛が生えており，よくリスと間違

えられます．

リス科

　リス科は4種が分布しています．これらを体重の小さい方から順に並べると，ニホンモモンガ（約200 g），ニホンリス（約300 g），クリハラリス（約350g），ムササビ（約1 kg）となります．ニホンリスとクリハラリスは昼行性ですが，ニホンリスは九州から最近の記録がないため，昼間に樹上でリスをみた場合はクリハラリスなどの外来種の可能性があります．県内ではクリハラリスは宇土半島にのみ分布します．ニホンモモンガとムササビは夜行性で，飛膜を使って木々の間を滑空します．ニホンモモンガがおもに山地に分布するのに対して，ムササビは山地に加えて都市の寺社に残る小さな森にも生息していることがあります．

ネズミ科

　ネズミ科は6種が分布しています．うち，カヤネズミとアカネズミ，

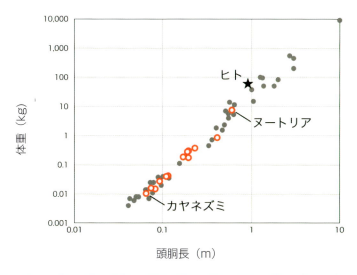

図62　熊本の齧歯目14種の体の大きさ．齧歯目はほとんどが小型種である．最大の種ヌートリアは外来種であり，県内での生息記録はあるが最近は確認されていない．最小の種カヤネズミは体重が10 gほどしかない．

ヒメネズミの3種は在来種で，おもに森林や草原などの自然環境に生息しています．雑食性が強く，植物の果実や種子，根，昆虫類などを食べます．残るドブネズミとクマネズミ，ハツカネズミの3種は外来種で，おもに人家やその近くの人工環境に生息し，少なからず人間に依存して生活しています．

キヌゲネズミ科

キヌゲネズミ科はスミスネズミとハタネズミの2種とも在来種です．キヌゲネズミ科はネズミ科よりも尾が短く，耳が小さく，ずんぐりとした体つきをしています．草食性で，おもに植物の葉や根などを食べます．九州では，スミスネズミは湿った森林，ハタネズミは草原がおもな生活の場です．

ヌートリア科

かつて県内に南米原産の外来種ヌートリアが生息していましたが，近年確認されていません．水辺にくらし，成長するとイヌほどの大きさになるため，生息していれば容易にみつかるはずです．

森にはさまざまな齧歯類がくらしています．図63は，鹿児島との県境に近い，熊本県水俣市寺床の標高約550 mの里山において，樹上の哺乳類を自動撮影カメラで調査したときの写真です．3種の齧歯類が確認できました．小さなヒメネズミやヤマネとくらべ，ムササビはとても大きいことがわかります．

このような体の大きさの違いは，生態や行動，生理といった，それぞれの種の生き方の違いと強く関係しています．その理由の一つは熱です．大きければ大きいほど，体積あたりの表面積が小さくなり，体の中で発生した熱が外に逃げにくくなります．逆に，小さければ小さいほど，体から熱が逃げやすくなります．小さな種は大きな種よりも体が冷めやすいのです．そのため，一般的に，近縁な種どうしをくらべると，小さな種は大きな種よりも消化吸収がよく高カロリーな食物を食べる傾向があります．たとえば，大きなムササビは繊維が多く消化に時間がかかる樹木の葉をよく食べるのに対して，小さなヒメネズミやヤマネは消化吸

収がよく高カロリーな昆虫などの動物質の餌をよく食べます．

もちろん，ヒメネズミとヤマネの間にも違いがあります．その一つは季節性です．九州の照葉樹林ではヒメネズミはおもに冬に繁殖します．一方，ヤマネは寒い時期には冬眠し，昆虫や花や柔らかな果実が豊富にある春から秋に繁殖します．

さまざまな種がそれぞれの生き方をまっとうするためには，一年を通じて，じゅうぶんな食物とすみかが必要です．そのため，植物の多様性が高い生息環境では，共存できる動物の種数が多くなり，その捕食者もまた多くなるのです．

安田雅俊・荒井秋晴

図 63　里山の樹上性齧歯類とその捕食者．左上：ヒメネズミ，右上：ヤマネ，左下：ムササビ，右下：フクロウ．この森は，約 250 年（江戸時代中期）の『毛介綺煥』に描かれたヤマネ（第 27 話）の産地である．今回の調査でヤマネが今でも生息していることが確認された．夜行性のフクロウはヒメネズミやヤマネの捕食者である．熊本県水俣市寺床にて 2013 年 10 〜 11 月撮影．

45 野生のヤマネの研究に挑戦

「あ，ヤマネ！」と思わず声をあげました．木の上に仕掛けた巣箱の一つに1頭のヤマネがちょこんと入っています．じっとうずくまっています．ここは阿蘇外輪山，標高900 mの菊池渓谷の森です．下界は暑い夏のさかりですが，谷の空気は昼間でもひんやりとしています．

逃がさないように，私は急いで蓋を閉めました．ところが，中で動く気配がありません．不思議に思い，蓋をちょっと持ち上げて，すきまから中をのぞいてみました．どうやら，このヤマネは動きが鈍いようです．弱っているのでしょうか．

ヤマネ（図64）の体重は約20 g．手のひらにのるほど小さな哺乳類です．体は茶色で，背中には1本の黒い線があり，尾にはふさふさとした毛があります．まるで小さなぬいぐるみのようですが，れっきとした野生動

図64 巣箱からみつかったヤマネ．日内休眠していたため動きが不活発で，そのまま電子秤の上に乗せて体重を計ることができた．菊池渓谷（熊本県菊池市・阿蘇市）にて2010年7月16日撮影．

物です．分布は日本にかぎられていて，貴重なので国の天然記念物に指定されています．九州では各県で絶滅危惧種です．

　ヤマネは木の上で花の蜜や果実，昆虫などを食べてくらしています．一般向けの本では，ヤマネのことを「森のスケーター」と呼んでいるものもあります．細い枝先をすばやく動きまわるさまは，まるでスケートをしているように軽やかです．でも，今，目の前にいるヤマネにそんな軽やかさはみられません．

　ヤマネの最大の特徴は冬眠です．寒く，餌が少ない冬をのりこえるために，ヤマネは体温を気温と同じくらいまで下げ，朽ち木の中や地面の下で冬眠します．体温と気温の差を小さくすることで，外界との熱の出入りを少なくし，体に蓄えたエネルギーの消費を最小限に抑えるのです．こうして省エネ状態になったヤマネは，本州の中部地方では6〜7ヶ月間，熊本県北部の落葉広葉樹林（菊池渓谷）では11月中旬から4月上旬にかけて4〜5ヶ月間も冬眠します．でも，今は夏です．

　じつは，ヤマネは冬でなくても，体温をみずから下げて省エネモードになることができるのです．これを日内休眠と言います．体温を計ってみると26.7℃でした．活動時のヤマネの体温は約34℃なので7.3℃も低い状態です．つまり，弱っていたのではなく，体温を下げていたため，動きが不活発になっていたのです．気温は20.5℃でした．気温が低い日の昼間，巣箱内で休眠状態のヤマネがみつかることはよくあるそうです．ほんとうにヤマネは不思議な生きものですね．

　この調査は関係機関の許可を得て，九州におけるヤマネの生態をあきらかにし，その保全に資することを目的として行いました．

安田雅俊・大野愛子・井上昭夫

46 こんな低い山にも!? 八代のヤマネ

「八代平野のすぐ隣だろう？ 何かの間違いではないのか？」これは，八代の市街地の近くでヤマネがみつかった，との連絡に反応された中園さん（第33, 34話）の言葉です．

国の天然記念物に指定されているヤマネは，樹上性で夜行性の小型哺乳類なので，めったに人目につくことはありません．まれにみつかっても山深い天然林の場合が多く，「奥山の忍者」というイメージが一般的です．

私たちも，ヤマネを探すなら五家荘や内大臣などの天然林が第一候補でした．県の調査としてヤマネの分布調査をはじめたさいも，最初はそれらの地域から調査をはじめました．巣箱と自動撮影カメラを組み合わせた巣箱自動撮影調査によって，奥山の天然林では多くの地域でヤマネが生息していることがわかりました．

2011年，八代市竜峰山周辺で同様な調査を行いました．氷川町立神と八代市妙見，同古麓の3ヶ所です．このうち八代市が林業体験等の学習林として管理する「妙見創造の森」でヤマネが撮影されました．

ここは「ガメ」で有名な八代妙見宮の裏山です．市街地に近くて標高が低く（撮影場所の標高は110 m），かつ常緑広葉樹の植林地や若い二次林からなる地域です（図65）．当初はここにヤマネが生息していると

図65　八代では市街地の近くでヤマネがみつかった（撮影場所：妙見宮の裏山，図中の赤い丸で囲った場所）．九州では低標高の照葉樹林にもヤマネが生息しているという証拠が得られた．

はまったく予想していなかったので，意外な結果でした．この森を管理されている八代市の担当者もご存じではありませんでした．しかし，背中の黒いラインはまさにヤマネです（図66）．

　文献を調べてみると，他の地域でも標高が低く，人工林を含むような森林でもヤマネが発見されることがあるとわかりました．つまり，ヤマネは「奥山の忍者」ではなかったのです．

　みなさんのふるさとの里山や杉林にも意外と棲みついているかもしれません．しかし，どこででもみつかるというわけではありません．

　県内でも保存状態の良い天然林で知られる阿蘇外輪山の立野火口瀬にある北向谷原始林では，半年間の巣箱自動撮影調査を行いましたが，ヤマネはまったく撮影できませんでした．ここは白川沿いの急斜面に天然林が残され，その後背地は一面の草原です．ヤマネがいないのは周囲の森林から孤立していることが原因の一つと考えられました．

　今回ヤマネがみつかった八代市の「妙見創造の森」は，北向谷と比較すると森は貧弱ですが，九州山地から延びる森林の最先端部に当たります．森がつながっているか孤立しているか，どうもこのことがヤマネの分布に影響を与えているようです．

　現在，この視点に立って県内各地で調査を進めているところです．調査結果がまとまれば，ヤマネの保全に役立つ重要なデータとなるでしょう．

坂田拓司

図66　八代市妙見地区で初めて撮影されたヤマネ．2010年10月23日撮影．

47 ヤマネのスーパーお母さん

　ヤマネの生息を調べるための巣箱見回り調査は地道な作業ですが，ときには感嘆符がいくつも並ぶほどの感激の日が訪れます．阿蘇外輪山の地蔵峠で 2012 年 9 月 1 日にそれは起きました．

　前月の調査でコケがぎっしりつまった巣箱があったのでひそかに期待していました．10 個の巣箱が木の上にかけてあり，一つひとつ，巣箱の中を確認していきます．ある巣箱には巣材は入っていましたが，ヤマネはいませんでした．2 個の巣箱でヤマネが子育ての真っ最中でした．出産・子育て用の巣として巣箱が利用されていたのです．その場にいた 5 人は大騒ぎ，はやる心をおさえてできるだけ落ち着いてお母さんヤマネの行動を観察しました．

　子の数はそれぞれ 2 頭，1 頭と少なかったのですが，2 頭いた巣箱では不思議なことに子の発育段階がまったく異なっていました（図 67）．1 頭はピンク色で毛がはえておらず生まれてまもないようすでした．残りの 1 頭はそれより 2 回りほど大きく毛も全身生えそろい，背中にはヤマネの特徴である黒い筋模様もくっきりと見えている幼獣でした．

　発育段階がこれほど違う子が 1 つの巣箱にいたことの驚きもさること

図 67　巣箱の中からみつかった 2 頭のヤマネの子．成長段階が異なることがわかる．

ながら，人がいても子を心配して巣箱から離れようとしないお母さんヤマネにはさらに感動しました．このお母さんヤマネは巣箱の中に入ったり出たり，巣箱の縁を行ったり来たりしながら，子を気にかけたり，私たちをにらんだりといったことを繰り返して，逃げませんでした（図68）．

一方，ピンク色の子が1頭だけいた別の箱のお母さんヤマネはさっさと逃げていなくなり，同じヤマネでもこんなにも違うのかとせつない思いがしました．

今回の観察のように，発育段階がかなり違う子が一緒にいた例は富士山と長崎県でも知られています．出産後すぐに交尾して繁殖したようです．いつもそうするというわけではなく，環境条件が厳しいときにこのような繁殖をするのではないかと考えられています．

ほかの地域では1回の出産で4〜5頭の子を産みますが，地蔵峠でみつかった例では1回に1頭ずつしか産んでいないようでした．また，10個しかかけていない巣箱のうちの3個が使われていました．もしかすると地蔵峠は，営巣に使える樹洞が少ない厳しい環境なのかもしれません．

そんな中，ヤマネのスーパーお母さんは冬眠期以外のかぎられた活動期間を精一杯利用して，出産後すぐに交尾し，保育しながら次の子を出産するという芸当をやってのけます．

人工的な巣箱も樹洞の代わりに積極的に利用するという柔軟性で，厳しい環境をたくましく生き抜いているのかもしれません．　坂本真理子

図68　私たちをにらむお母さんヤマネ．どちらも熊本県南阿蘇村にて2012年9月1日撮影．

48 ニホンモモンガ かわいいグライダー

　これまで20年以上にわたって哺乳類の調査をしていますが，長らくニホンモモンガ（以下，モモンガ）の姿を見たことはありませんでした．
　2008年の10月，巣箱調査に出かけた日のことです．巣箱の入り口から樹皮を細かく裂いた巣材が見え，「もしや!?」と胸が高まりました．用心深くハシゴをかけ，静かに蓋を開けて巣材をそーっとよけると，モモンガが寝入っていました．私にとって初めての「ごたいめーん」でした．
　図69をご覧ください．目を引くのがアニメキャラクターのような大きい目，そして小ぶりの鼻に形のいい耳，柔らかそうな毛皮，そしてふさふさの尾……．とってもかわいい動物です！
　哺乳類を調査している私たちは，対象の動物に感情的な気持ちを極力もたないようにしていますが，モモンガはかわいさ一番です．また，リ

図69　調査用の巣箱にいたニホンモモンガをカゴに移した．熊本県五木村大滝にて2012年7月29日撮影．

スのなかま特有のすばしっこさももち合わせています．このモモンガは，五木村の大滝にかけていた巣箱に入っていた個体で，カゴに移して撮影していました．そのとき，カゴと地面の狭い隙間から外に出て，私の腕を駆け上って肩から木に飛び移り，あっという間に滑空して姿を消しました．

　大きさは頭胴長20 cm，尾長14 cm，体重200 g程度です．食物は木の葉や芽，樹皮，種子，果実，キノコ類などほぼ完全な植物食です．

　生態については不明な点が多いのですが，私たちの実施した巣箱調査では8月末に2回，出産育児を確認しています．八代市泉町葉木では6頭の子，山都町内大臣(ないだいじん)では5頭の子がいました．

　また，晩秋に数頭のグループで果実を食べている目撃情報を複数得ており，親子がこの時期まで一緒に活動していることを伺わせます．

　モモンガは小型の樹上生活者で夜行性であるため，ほとんど人の目につくことがありません．これまで伐採された木の洞(うろ)からみつかったり，山村の民家で庭木の果実を食べにくる姿が見られるなど，かぎられた生息情報しか得られていませんでした．しかし，巣箱に自動撮影カメラを併用する調査によって生息を確認できるようになりました．これまで九州ではおもに九州山地とその周辺部に広がる落葉広葉樹林を中心に生息するとされていましたが，水俣市の大川や宮崎県の綾町といった低標高の常緑広葉樹林（照葉樹林）でも確認されています．良好な環境が維持されていれば低標高の森林にも生息している可能性が高いことがわかりました．一方，良好な森林が残されている菊池渓谷（菊池市・阿蘇市）ではかなりの調査を行ったにもかかわらず確認されていません．生息の有無を決定づける要因はいまだ不明です．

　いずれにせよ，モモンガの生息にはまとまった広さの天然林や発達した二次林が維持されていることが必要であることは間違いありません．県内での生息域は限定されていることから，熊本県のレッドリストでは絶滅危惧種IB類に指定されています．

坂田拓司

49　巣箱で繁殖確認！　ニホンモモンガ

「これは何か入っとるばい」隣にいる田上さんに話しかけました．2人で見上げた先にはシラカシの幹にくくりつけてある巣箱．熊本県では30年近く生息が確認されていないニホンモモンガ（以下，モモンガ）を発見するため，2年半前に設置したものでした．巣箱の入口から細く裂いた木の皮が顔を出しています．

ここは五家荘の梅の木轟．落葉樹を中心とした森で，近くにある沢から水音が響いています．2005年9月に巣箱を設置してから月に1回，会員が交代で確認していました．しかし，ヤマネや鳥が入ることはあっても，モモンガはまったく利用しておらず，そろそろあきらめて別の調査地を探そうという話がでていました．

しかし，その日（2007年8月26日）は違いました．それまではなかった多くの巣材が巣箱の入口から見えました．何かが入っている可能性があるので，入口を手袋でふさぎました．ふと木の上を見ると，そこには1匹の大きなアオダイショウがいて，こっちを見ています．はしごから降りて，しばらくようすを見ていると，ヘビは入口に詰めた手袋の周

図70　約30年ぶりに熊本県内でみつかったニホンモモンガ（左）．巣箱の中からみつかったモモンガの子（右）．どちらも五家荘（熊本県八代市）にて2007年8月26日撮影．

辺を執拗に確認したあと，地面に降りていきました．「やっぱりこれは何かおるばい」．期待が膨らみます．はしごを登って，そっと巣箱の天井を開けて，巣材をどけてみると，ぴくっと巣材が跳ねました．「ヤマネかな？」巣材が巣箱いっぱいに入っています．木の枝で巣材をはがしてみると，ひくひくと動く鼻先が見えました．そして，大きくつぶらな瞳が！「モモンガばい！　それかムササビの子ども？」．

巣箱を木から降ろして大きな薄いビニール袋に入れて，再び蓋を開けると，灰色の塊が勢いよく飛び出してきました．「モモンガばい！」．しかしこの後，袋に穴をあけて脱出したモモンガは，巣箱が掛けてあった木に登って行きました．しかし妙です．モモンガは地面から5mくらいのところで登るのをやめ，頭をこちらに向けてじっと見ています（図67左）．「何で逃げんとやろ？」モモンガは頭をかいたり，ポーズを変えたりしますが，こちらを見ています．

「子どもがいます！」巣箱の中を確認していた田上さんが声をあげました．木の上のモモンガは，子どもがいたからその場にとどまっていたのです．おそらく母親でしょう．巣箱には，まだ毛も生えていない赤ちゃん6頭が，巣材の中に包まれていました（図70右）．巣材を戻して，巣箱を元あった場所にくくりつけようとすると，親は木からするすると降りてきて，もう待てないという風に，巣箱のすぐ近くまで来ます．わが子のことを心配しているのでしょう．

巣箱をくくりつけて，木から離れると，親は巣箱を入念にチェックします．外から巣箱の周りを確認し，甲高く「キー」と鳴いたりします．中の子どもにメッセージを送っているようでした．木の幹を後脚でとんとんと蹴る仕草をしたりもしています．そして，子どもの無事を確認したのか，今度はするすると木の上の方に登って行きました．

やっと出会えたニホンモモンガ．「もう，何もしないから，安心してね」．シラカシの高い枝でじっとしているモモンガに声をかけ，2人で調査地を後にしました．

天野守哉

50 鎮守の森の住人　ムササビ

　山都町の男成神社，熊本市城南町の六殿宮，熊本市花園の本妙寺，いずれも由緒のある神社と寺院ですが，共通点は何でしょう？

　答えはムササビの観察ポイントです．歴史・宗教的な答えを考えていた方には申し訳ありません．でも，そのような背景があるからこそ，ムササビが棲みついていることも事実です．

　ムササビは齧歯目リス科に属する中型の哺乳類です（図71）．頭から尾のつけねまでが約40 cm，尾も約40 cm，体重は最大で1.5 kg，ネコより一回り小さいですね．夜行性で，樹上で活動します．昼は樹洞（木の洞）で休み，夕暮れから活動をはじめ，発達した飛膜を広げて木から木へと滑空します．最大で160 mを滑空した記録もあります．長いふさふさとした尾は滑空時には舵の役割を果たします．食物は木の芽や葉，花，果実など，ほぼ完全な植物食です．

図71　樹上で食事中のムササビ．クスノキの葉を食べている．本妙寺（熊本市）にて2005年1月29日撮影（田畑清霧）．

ムササビが生息するためには，十分な食物と休息場所（巣となる場所）のある森が必要です．とくに樹洞は老木に多くあります．若い木が多い森には食物はありますが，安全な休息場所がありません．つまり，遷移が進んで極相に達した森がムササビの安定した生息地なのです．
　さてみなさん，ここまでの説明で，さきほどの「歴史・宗教的な背景」との関連が見えてきましたか？　老木がある自然豊かな森は人里にはほとんどありません．しかし，鎮守の森として古くから守られてきた社寺の樹木やその裏山は，ムササビの格好のすみかになっているのです．
　冒頭の社寺ではムササビ観察会が開かれています．私はそのスタッフをすることがありますが，毎回多くの家族連れの参加があります．夕暮れ前に集まり，事前の説明と痕跡探しをします．ムササビの痕跡は歯形のついた葉と糞です．糞は直径7 mmの丸っこい形をしています．また，樹皮のはがされたスギを見かけたら，ムササビが巣材を集めた証拠になります．
　日が暮れてしばらくすると，「グルルル」という特有の声が聞こえはじめます．その声をたよりにライトを照らすと，高い木の枝にムササビの目がキラリと光ります．ムササビが頭を上下に振りはじめるとチャンス到来です．ムササビは飛び移る木を見定めるとジャンプして飛膜を広げ，フワリと滑空します．まるで，空飛ぶ座布団．「オオー!!」という歓声．「見えた？」，「見えた，見えた!!」，「えー！見えんかった……」，悲喜こもごもの会話です．
　小学3年生の女の子がムササビの姿を見逃して涙を流していました．理由を聞くと，亡くなった田舎のおばあさんから「昔はこの家にもムササビが来て，いたずらしよったもんな」と聞いていて，ぜひ見たいと参加したのでした．帰る時間が迫り小雨が降ってきました．しかし粘って観察を続けると，ムササビの姿を見ることができました．その子は嬉しそうな顔をして帰りのバスに乗り込みました．
　近年は自然豊かな森が残る地域に住む人が少なくなり，ムササビを見る機会も減っています．このような観察会にぜひご参加ください．きっと感動を味わえます．

　　　　　　　　　　　　　　　　　　　　　　　　　　　　坂田拓司

51 お城にムササビ!?

　ムササビが熊本城にいる!?　2004年に熊本市の元職員への聞き取りを行ったさいにこの情報を得ました．1987〜1988年頃，小天守閣で生きたムササビが捕獲され，翌々日に天守閣前で放されていたのでした．

　熊本城は日本三名城の一つで，築城400年以上の歴史をもつ国の特別史跡です．また，1896（明治29）年に第五高等学校（現 熊本大学）に赴任した夏目漱石は，熊本を「森の都」と呼びました．しかし，現在の熊本市中心部にまとまった森は残っていません．かろうじて熊本城のまわりに大きな木が点々と残っています．自然豊かな森の象徴であるムササビが，「森の都　熊本市」のシンボルであるお城に今でも生息していれば，なんとすばらしいことでしょう!!

　ムササビは中型のリスのなかまです．大木の樹洞などに棲み，樹木の葉や芽，果実などを食べます．最大の特徴は飛膜をもち，木と木の間を滑空して移動することです．神社の屋根裏に棲みつくこともあるので，お城にいてもおかしくありません．

　城内にある加藤神社の関係者から，次のような情報を得ました．「1982年頃から，熊本城にムササビがいるという話があった．天守閣から加藤神社のクスノキに向けて，滑空するムササビを目撃したことがある．その木からはネコのような鳴き声が聞こえた．時間帯は，熊本城のライトアップ終了後の深夜（23時頃）から早朝（4時頃）にかけてである．冬の寒い時期で，天気の良い月夜に見た．ここ2, 3年は見ていない．」

　ネコのような鳴声もまたムササビの特徴です．これらの情報をまとめると，2000年頃まではたしかに熊本城にムササビが生息していたようです．

　私たちは2004年12月12日，お城のムササビ調査を行いました．目撃や鳴き声などの確実な生息情報は得られませんでしたが，城内の藤崎台周辺で種不明の鳴き声が聞かれたほか，天守閣東側の石垣下に生えているヒノキの幹に，ムササビの可能性がある皮剝ぎを確認することができました．調査では第一高等学校，監物台植物園，熊本博物館，熊本城

総合事務所，加藤神社の協力を得ました．お礼申し上げます．

　その後も加藤神社のご協力をいただき，調査を行っています．しかし，姿を確認することは一度もありません．以前捕まったムササビが最後の1頭で，城内では絶滅してしまったのでしょうか……．復活の可能性は残されています．熊本城に連なる京町台地にはムササビがいます．また，金峰山には多数のムササビが生息しています（図72）．つながった森が形成されれば必ず熊本城に戻ってきます．

　みなさん，ライトアップされた熊本城を背景に，宙を舞うムササビを見たいと思いませんか？　いつの日か，熊本市の広報誌に「熊本城でムササビ観察会を開きます」という案内が掲載される日が来るといいですね．

歌岡宏信

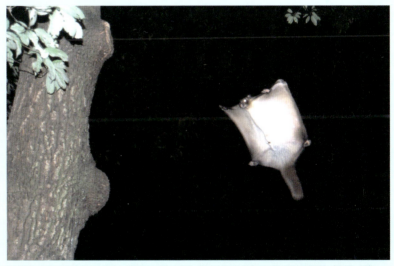

図72　滑空するムササビ．金峰山（熊本市）にて2008年1月25日撮影（有馬　博）．

52 幻のニホンリス

　本州と四国にはニホンリスという在来種のリスが生息しています．しかし，九州のニホンリスは幻の動物です．幻というのは，目撃談はときどきあるのですが，研究者が実物を見たことも，標本を手に入れたこともないという意味です．これまでのさまざまな情報をあわせると，九州にニホンリスが生息しているとしても，かなり狭い範囲のようです．九州は広く，どこを探せばよいのか見当もつきません．

　そこで2通りのアプローチを考えました．第1は生息の可能性が高い地域をみつけることで，第2はマスコミを活用した情報収集です．第1のアプローチについては，過去の生息情報を文献から拾い出し，九州山地，八方ヶ岳周辺，紫尾山周辺，霧島山系，高隈山系の5地域を見出しました．熊本・宮崎・鹿児島の県境付近にあたります．第2のアプローチについては，朝日新聞と熊本日日新聞から取材を受け，それぞれ2007年10月29日夕刊，2008年5月27日朝刊に，「動物学者がリスを探している」という記事が掲載されました．

　この新聞記事を読まれた方から電話やメールで12件の情報が寄せられました．目撃の時間帯，体の大きさや色などから昼行性のリス類の可能性があるものは5件で，残る7件は夜行性の種（おそらくムササビ）でした．

　昼行性のリス類の可能性がある報告は，熊本県和水町，宇城市，八代市，水俣市，宮崎県椎葉村から各1件が寄せられました．宇城市の事例は外来種のクリハラリスでした（第58，106話）．残る4件は，第1のアプローチで見出した生息の可能性がある地域のうち熊本県の九州山地，八方ヶ岳周辺，鹿児島県の紫尾山周辺に対応していました．うち2件は狩猟者から寄せられたもので，このお二人の話は，「数十年にわたり狩猟をしてきたが，リスをみたのは初めて」という点で共通していました．

　今回の調査はこれまでに行われた調査とは異なる大きな特徴があります．これまでは調査者が現地に出向き，情報提供者がリスの情報をもつか否かにかかわらず聞き取りを行っていたのに対して，今回の調査では

リスの情報をもつ情報提供者がみずから調査者に連絡をとったという点です．このような生息情報の収集方法は，新聞という多くの購読者をもつマスメディアを利用してはじめて可能となりました．

　しかし，まだ本物のニホンリスには出会えていません．九州のニホンリスが絶滅する前になんとしてもみつけたいものです．

　もし森の中で昼間に木の上にいるリスをみつけたら，大発見です．よく観察してください．腹の色が白ければ，九州では幻のニホンリスです（図73）．そうでなければ外来種のリスです．ぜひ，熊本野生生物研究会にご一報ください．
　　　　　　　　　　　　　　　　　　　　　　　　　　　　安田雅俊

図73　九州では幻のニホンリス（飼育個体）．腹部の毛が白いのが特徴．井の頭自然文化園（東京都武蔵野市）にて撮影（安田晶子）．

53 森をささえるネズミたち

　森の木に巣箱をかけると，ヤマガラなどの小鳥だけでなく，ヤマネやニホンモモンガ，ムササビも利用します．

　ヤマガラが巣として利用する場合，おもな巣材はコケです．卵を産み付ける場所（産座）はくぼんでいて動物の毛などが敷いてあります．ヤマネの巣材も多くはコケです．ニホンモモンガの場合は細かく裂いたツル植物の樹皮，ムササビは粗くはがしたスギの樹皮が使われます．これらに対し，枯葉が巣箱につまっている場合はヒメネズミが利用した証拠になります．

　巣箱に詰め込まれている枯葉を少しずつ慎重に取り除いていくと，目を覚ましたネズミがあわてて飛び出したり，時には子どもが数頭みつかることもあります．その時は再び枯葉を入れて，元と同じ状態にします．

　八代市泉町の森で実施した巣箱調査で，晩秋の時期にドングリがたくさん入っていたことがありました．これはヒメネズミかニホンモモンガが持ち込んだものに間違いありません．冬場を乗り切るための食料として蓄えたものなのでしょう．

　森に棲むネズミの代表選手がヒメネズミです．頭胴長約 80 mm，尾長約 100 mm，体重約 15 g の比較的小型のネズミです．体色は灰色っぽい茶色です．長いしっぽはバランスをとることにも有利なようで，地上だけでなく木の上でもよく活動します．

　比較的標高の高い山に棲み，おもに植物の種子を食べ，みずからはテンやフクロウなどの餌となっています．つまり森林内の一次消費者なのです．また，冬に備えてドングリを地中などに蓄える（貯食）のですが，冬の間にすべてを食べきるわけではありません．残ったドングリは芽生えて，新しいドングリの木に成長します．みずから移動できないドングリの木にとって，ヒメネズミは子孫を拡げてくれる大切な動物です．

　ヒメネズミの兄貴分のような存在がアカネズミです．体は 2 回りほど大きく，頭胴長約 120 mm，尾長約 100 mm，体重約 40 g です．体色が橙褐色であることから，この名前がつきました．ヒメネズミより比較的

標高の低い森や草原などに棲んでいます.ヒメネズミに比べると木の上は得意ではないようですが,まれに樹上のカメラに写ることもあります.アカネズミもドングリを貯食します.

　ところで,みなさんはこれらのネズミの主食でもあるドングリを食べたことがありますか? そのまま加熱して食べられる種類もありますが,多くは渋くて吐き出してしまいます.その原因は渋みの成分の「タンニン」です.タンニンは消化を妨げる性質があります.縄文人はつぶして水にさらし,タンニンを除いて食べていたようです.では,ドングリが主食のアカネズミはどうなのでしょう.

　ある日本の研究者によってこの謎が解明されました.ネズミは渋いドングリを少しずつ食べ続けることで,タンニンを中和する物質を唾液から分泌するようになります.さらに,ネズミの腸内ではタンニンを無毒化する腸内細菌が増えるのです.このようにしてドングリを消化できるようになったネズミはドングリを食べて冬をすごすことができます.

　ところが,渋みのない餌で育てると,そのネズミはタンニンを無毒化する能力が低下しました.そのネズミに渋いドングリを与えると,食べても食べても消化できずに餓死してしまったのです.動物の体は自然の中でうまく生きられるようになっているのですね.　　　　　坂田拓司

図74　アカネズミ.菊池渓谷(熊本県菊池市・阿蘇市)にて2009年4月30日撮影(安田雅俊).

54 草原のネズミ　ハタネズミ

　阿蘇の北外輪山一帯で1992年秋,異変が起こりました．ススキやネザサが枯れ，地面はボコボコで，ススキがいとも簡単に引き抜け，裸地がいたるところに出現しました．

　原因はハタネズミの個体数の異常増加でした．個体数は最大264頭／haに達しました（図75）．通常は10頭未満／haなので，生息密度が26倍以上の超過密状態になったことになります．このとき，地下はハタネズミが作ったトンネルだらけでした．

　じつは，ハタネズミはすでに前年の夏頃から増加の傾向を示していました．そしてこの年になり，北外輪山でネザサがいっせいに開花結実すると，その栄養豊富な大量の種子を食べたハタネズミが異常増加したのです．植物食のハタネズミは，周囲の植林木や高原野菜（大根）などに多大な被害（食害）をもたらしました．

　ハタネズミ（図76）はキヌゲネズミ科に属し，頭胴長95〜136 mm,尾長29〜50 mm,体重22〜62 gで，地中にトンネル（坑道）を掘ってくらします．地上では捕食者から身を護るため，下草や枯草の下に網の目のように張り巡らされたトンネル（ランウェイ）を利用します．

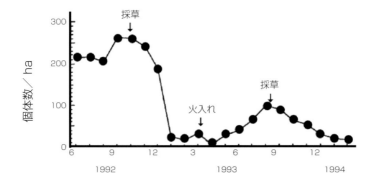

図75　阿蘇北外輪山におけるハタネズミの個体数変動．

日本固有種で，本州と九州に生息します．九州では草原や疎林（樹木がまばらに生えている森林）の環境を好み，森林内で確認されることは稀です．阿蘇の広大な草原は格好の生息場所となっています．天草からは確認されていません．

　行動圏は雌雄とも直径約30mと小さく，長距離の移動はほとんどしません．そのため血縁が近い個体同士が集団を形成します．これが個体数の異常増加の一つの要因にもなっているようです．

　ハタネズミは草の芽，根，茎，葉および樹皮などを主食とする完全な草食性です．肉食動物にとってみれば，草原の肉牛のようなものです．実際に阿蘇では，ハタネズミの増加が，アオダイショウなどの爬虫類，トビなどの猛禽類，キツネ，タヌキ，イタチなどの哺乳類の個体数増加を招いたことが知られています．

　ハタネズミは異常増加のさいに農林業に被害を与えることもありますが，食物連鎖の重要な底辺を形成し，健全な生態系の維持にはかかせない存在です．ハタネズミの生息は，県内の草原の維持管理と深く関わっています．市街地周辺では，かつて田の畦やその周囲の草地がハタネズミのおもな生息の場でしたが，都市化や圃場整備などにより市街地近郊から姿を消しつつあります．個体数の減少がみられるため，熊本県のレッドリストでは要注目種とされています．　　　　　　　　　　　荒井秋晴

図76　草原のハタネズミ．熊本県阿蘇市にて2010年5月13日撮影（安田雅俊）．

55 希少なネズミ　スミスネズミ

「これ，なんだか別の種にみえませんか？」，「ちょっと腹の毛色が赤っぽい」，「ハタネズミっぽいけど……」．2010年秋，阿蘇の高岳で小型哺乳類の捕獲調査を行ったときのことです．私たちは，外見はよく似ているのにちょっと違ってみえる8頭のネズミを前に困惑していました（図77）．これがスミスネズミとの出会いでした．

スミスネズミは，ハタネズミと同じくキヌゲネズミ科のネズミです．ずんぐりした体に短い尾，小さな耳と小さな目をもつ姿は愛嬌があります．スミスネズミという和名は，1904年本種を初めて採集したイギリス人のゴードン・スミス氏にちなんだ学名からきています．つまり「スミスさんのネズミ」という意味です．

スミスネズミは日本固有種で，本州，四国，九州に分布しますが，九州内の分布はかぎられています．熊本県のレッドリストでは要注目種とされています．

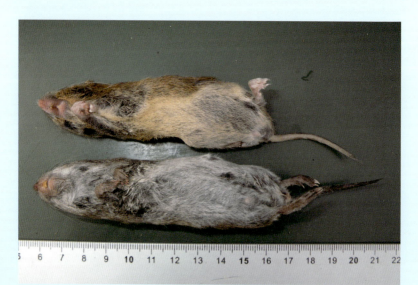

図77　阿蘇中央火口丘で捕獲されたスミスネズミ（上）とハタネズミ（下）．熊本県阿蘇市にて2010年11月7日捕獲．

阿蘇の外輪山に広がる草原には草原環境を好むハタネズミがいることが，昔から知られていました（第54話）．一方，外輪山やその中心にある中央火口丘（阿蘇五岳）の森林にはスミスネズミという希少な別のネズミがいることも昔から知られていました．外見が似ている2種のネズミが，草原と森林に「棲み分け」しているのは興味深いことです．

　目の前の8頭のネズミを計測したり，ひっくり返して写真を撮ったりしても，けっきょく，結論はでませんでした．それもそのはず，県内でのスミスネズミの採集例は少なく，調査員の誰もが実物をみたことがなかったのです．そこで標本を専門家に送り，種を同定してもらうことにしました．

　日本大学の岩佐真宏准教授にお願いしたところ，今回，高岳で捕獲したネズミ類はスミスネズミ7頭とハタネズミ1頭と同定されました．

　両種を正確に識別するには，標本から頭骨を取り出し，その腹側から口蓋骨後端中央部の構造を確認する必要があります．それが単純な棚状構造であればスミスネズミ，そうでなければハタネズミと判断できるのです．

　興味深いのは，スミスネズミとハタネズミの2種が同じような場所で捕獲されたということです．これまで，スミスネズミは渓流や沢に近く，こけむした大きな樹木や倒木のある湿った場所を好むと言われてきました．一方，ハタネズミは草原や河川敷などを好みます．

　今回の調査地は火山の中腹で，ススキの草原と，ミヤマキリシマなどの低木やササ類が茂った場所が混在していました．生息環境の多様性が種の生物多様性を高めている一例なのかもしれません．

　スミスネズミは，ハタネズミと同じように（第54話），ときおり個体数の異常増加をおこすことが知られていますが，その原因はよくわかっていません．これからもきちんと種を同定し，その生態を調べていくことが必要です．

　　　　　　　　　　　　　　　　　　　　　　　　　　安田雅俊

56 哺乳類調査において採集されたヤスデ

　2010年11月，秋の紅葉が鮮やかな阿蘇山の仙酔峡にて，ネズミ類を対象とした罠かけ調査を行いました（第55話）．30地点に仕掛けた罠を，翌日に回収したときのことでした．すべての罠を回収しおえるかというとき，一見何もかかっていないように思えた罠の中に，何か黒い物体がうごめいていたのです．

　よく見ると，それは黒く長いヤスデ※でした．どうやら罠に仕掛けた落花生に寄ってきたようでした（図78）．すべての罠を回収し終え，最終的に採取されたヤスデを数えてみると，同種とみられるものばかり11個体となりました．

　調査員の間で「この種は何か？」という話になりましたが，種を判別するためには，成体の雄の生殖肢（生殖に用いる特別な肢）の形態を観察しなくてはいけません．そのため，調査員の1人が持ち帰って調べることになりました．

　数日後，採取されたヤスデはヤマリュウガヤスデ（図79）とわかりました．このヤスデは1942年に初めて記録された種で，産地は「阿蘇

図78　罠の餌（落花生）に集まるヤスデ．仙酔峡（熊本県阿蘇市）にて2010年11月7日撮影．

火孔下」となっています．熊本県が初記録地となる数少ないヤスデの一つですが，産地や個体数などの情報がきわめて不足しているため，珍種かどうかはわかりません．

しかし，このとき幸運にも成体の雄5匹と雌5匹，幼体1匹を採ることができました．正確な産地情報と保存状態の良い標本が得られたことは，熊本県のヤスデ類の研究を進めるうえで貴重な情報です．

このように，ある特定の生物を狙って行う調査の中でも，まれに予想外の成果が得られることもあります．その「予想外」が，別の視点で見るときわめて重要な発見であったりもするのです．自然を相手にするときには，いつでも「予想外」に気が付けるようにアンテナを張っておくことが大切です．

免田隆大

※ヤスデ：節足動物門倍脚綱（ヤスデ綱）に属する動物．体は体節構造になっており，体節の数や増え方はそれぞれのグループで異なる．それぞれの体節には，ふつう2対（4本）ずつの肢がある．ただし，頭部およびその次の体節を除く前方の3節には1対（2本）ずつの肢がある場合が多い．また，雄は成熟すると肢の一部が生殖のための特別な器官に変化する．これは生殖肢と呼ばれ，種を決定するための重要な判断材料となる．日本に生息するヤスデは約300種が知られており，そのうちの約50種が熊本県で確認されている．ヤスデは，ふつう林床の湿った落葉土中や倒木の下などを好んで生息しているが，なかには樹上や洞窟の中，海辺などを好む種もいる．また，生息地にかぎらず体型や体色もさまざまである．

図79 採集されたヤマリュウガヤスデ．

57 日本一小さなネズミ　カヤネズミ

　1円玉10個を手のひらにのせてみてください．それが，世界でも最小クラスのネズミ，カヤネズミの重さです．

　カヤネズミはネズミ科の一種で，日本だけでなくユーラシア大陸に広く分布しています．河川敷や休耕田などの背丈の高い草原に生息していて，その身軽な体で草の上に巣を作ります．

　私がカヤネズミのことを知ったのは中学生の頃で，「草の上にくらす小さなネズミ」の存在に驚きました．それからというもの，機会をみつけては河川敷や休耕田を探してみるのですが，いまだに見つけたことがありません．私にとって，カヤネズミは図鑑でしかみたことがない，あこがれのネズミです．

　図鑑によれば，体はとても小さく，うるっとした目をもつかわいらしいネズミです．毛色は背中側がオレンジ色，腹側が白色です．尾は体と同じくらい長く，尾の先端を器用に使って草にしがみつくことができます．雑食性で，オヒシバやエノコログサなどの種子，バッタやイナゴなどの昆虫を食べます．

　春から秋にかけて，ススキ，オギ，チガヤなどのイネ科やカヤツリグサ科の葉を上手に編んで巣を作り，その中で休息，出産，育児をします．巣は直径10 cmくらいの鳥の巣に似た球形で，休息用と子育て用の違いがあります（図80）．昔は稲刈りを手作業で行っていたので，稲刈りのさいにカヤネズミの巣をみることがあったそうです．

　緑の葉を材料にして作られた巣は，周りの植物の中に溶け込み，上手にカモフラージュされています（図80）．そうすることで，天敵であるヘビやイタチ，モズなどから身を守るのです．

　一般的な繁殖期は春と秋ですが，西日本では5月から12月まで繁殖が確認されています．出産を控えた雌は子育て用の巣を作ります．中にススキの穂などを敷き詰めるので，ふかふかしていて保温性があります．

　もしもカヤネズミの巣を探してみるなら，春から秋にかけては巣の中に子がいる可能性があるので，見つけても触らないようにしましょう．

冬になると，カヤネズミは草の上の生活から離れ，地中のトンネル生活に移ります．ですから，真冬であれば巣の中を観察しても大丈夫でしょう．
　カヤネズミは熊本県のレッドリストで準絶滅危惧とされています．その理由はカヤネズミの生息地が減少しているからです．河川の工事や河川敷の開発，圃場整備，水辺のコンクリート化などによって天然の草原生態系が消失しています．ヒトが次々と行う開発によってカヤネズミの生息地が徐々に狭められているのは悲しいことです．野生生物との共生は彼らの存在を知ることからはじまります．このことは，私も含め，みんなで考えていくべき課題と思います． 石橋真奈

図80　カヤネズミとその球巣．京都市にて1999年9月18日撮影（畠　佐代子）．

58 放すのも,捕らえるのも人間 クリハラリス

　突然,「ケタケタケタケタ」という声が森から聞こえてきました.クリハラリス(別名,タイワンリス)の鳴き声です.木の上でガサッと音がしてリスが姿をあらわしました.チョロチョロと走って止まり,尾を上下に小さく振ってこちらをみつめています.ここは熊本県の宇土半島.なぜ外国産のリスがここにいるのでしょうか?

　クリハラリスは東南アジア原産のリスです.適応力が高く,気候の温暖な本州の太平洋側と九州の各地に定着し分布を広げています.生態系や農林業,人間の生活に大きな影響を与えるおそれがあるため,2005年,外来生物法の「特定外来生物」に指定されました.それ以降は輸入や飼育,移動が禁止されましたが,それ以前に規制はありませんでした.

図81　宇土半島のクリハラリス.木の幹に残る傷はクリハラリスが樹皮を食害した跡.熊本県宇城市にて2011年7月28日撮影.

熊本県では，国内の別の場所から持ち込んだ個体に由来するとみられる個体群が宇土半島に定着し，特産の果樹や森林の植物の食害を発生させています．在来種（ムササビやネズミ類）との食物やすみかをめぐる競合も心配されています．

　もしクリハラリスが宇土半島で増えすぎ，外に広がったらどうなるでしょう．そこには広大な森林地帯が広がっています．クリハラリスは気温が低い（1℃未満）の日が長くつづく場所では生息できないと言われています．そのような場所は冬に積雪があるはずですが，九州ではとてもかぎられます．つまり，ひとたびクリハラリスが宇土半島の外にでれば，九州のほぼ全域に広がり，大きな被害をもたらす可能性が高いのです．被害額は林業だけで800億円に及ぶと試算されています．

　そこで，宇土半島では行政（市，県，環境省）が一丸となってクリハラリスの防除活動が行われています．（第109話）目標は宇土半島への封じ込めと根絶です．熊本野生生物研究会からは2名が学識経験者としてそのサポートをしています．

　生きものは増えるのが宿命です．そのため，外来生物の対策は早ければ早いほど，奪う命の数が少なくてすみ，かかる費用や労力も少なくできます．

　リスに罪はありませんが，増えることが問題をもたらす以上，捕獲して数を減らすしか手はないのです．2009年から2013年の5年間に約5,800頭を捕獲したことで，宇土半島におけるクリハラリスの生息密度は大きく低下しました．残りは数百頭未満と見積もられています．

　数千頭まで増加した外来リスの個体数をこれだけ短期間に抑制できたことは世界でもまれなすばらしい事例です．目標の封じ込めと根絶が成功するかどうかは，今後の防除活動にかかっています．

　外来種を放すのも，捕らえるのも人間です．しかし被害を受けるのは人間だけではありません．地域の自然生態系や生物多様性への愛着をもち，それらの保全に努力することは，外来種問題にもかかわるとても大切なことなのです．

安田雅俊

59 家のネズミは外来種

　熊本にネズミは8種います．そのうちクマネズミ，ドブネズミ，ハツカネズミの3種は家ネズミと呼ばれ，ヒトの生活に頼ってくらすことが多いネズミたちです．実際に目にすることはあまりないと思いますが，じつは意外と身近なところで繁栄しています．
　最近，トンネル内で調査をしていたとき，水路を泳いでくるネズミに出会いました．写真を撮ってみるとドブネズミでした．名前が「ドブ」のネズミだけあって，なるほどたしかに泳ぎはうまいなあと感心しました．
　近頃は，市街地はもとより周辺部でも下水道の整備が急速に進みつつあり，地下に下水道が網の目のように張り巡らされています．そのため，泳ぎの得意なドブネズミは下水道を使ってどこへでも好きなところへ移動でき，餌も家庭や繁華街から出される生ゴミがあるので心配いりません．つまりヒトの生活圏はドブネズミにとってとても棲みよい生息環境といえるようです．
　一方，クマネズミは垂直方向への移動が得意で配管も上手に登っていきます．このネズミについては懐かしい思い出があります．昔，子どもの頃，夜中になると天井裏を駆け回るクマネズミの足音がよく聞こえていました．もしかすると降りてきて顔をかじられるのではないか，かじられそうになったらどうやって防ごうかと心配になり，毎晩，心臓をドキドキさせながら布団をしっかりかぶって眠ったものでした．
　しかし，現代のクマネズミは民家よりも繁華街のビルで繁栄しているようです．よじ登るのが得意なので，パイプを伝ってビルの上下を自由に行き来できます．さらに飲食店が多いと残飯は格好の餌になり，エアコンの普及で夏は涼しく冬は暖かく快適な繁殖環境が一年中提供されています．このようにビル街はクマネズミにとって居心地のよいすみかになっているようです．
　最後にハツカネズミですが，このネズミは一番なじみのあるネズミかもしれません．実験用に使われている真っ白のハツカネズミは突然変異で白色化したもので，もとは灰褐色です．耕作地が広がっているような

ところに多く，ときどき人家に侵入します．以前，家に入り込まれたときはたいへんでした．金魚網片手に追いかけ回しましたが，警戒心がうすいのかそれとも逃げ足に自信があるのか，わがもの顔で昼夜を問わず家の中を走り回りました．体が小さいのでわずかな隙間にも潜り込みます．これが命取りで最後はゴキブリ用のシートにかかっていました．

このように，家ネズミはヒトとの関わりが深いネズミですが，もとから日本に生息していた種ではありません．いずれも国外から船などに乗って入ってきた外来種です．

ドブネズミは北方系で原産地は中央アジア，弥生時代にはもう日本に入ってきていたようです．クマネズミは南方系で，古い時期に入ってきた東アジア起源の系統と近年入ってきたインド地域起源の系統があり，古いものは有史以前に日本列島に侵入したようです．ハツカネズミは東南アジアまたは中国南部から入ってきたものが初めに広がり，次に中国北部から韓国経由で入ってきたものと交雑したようです．しかし，これだけにとどまらず，現在も港湾地域ではときどき新しい系統が入ってきているようで，交雑個体がみつかります．いずれも人間活動によって運ばれ，日本に生息するようになったネズミたちです　　　　坂本真理子

図82　ドブネズミ．石の上に餌のオキアミを置いた．天草下島（熊本県天草市）の川にて2013年8月3日撮影（安田雅俊）．

60 太古の熊本の哺乳類

　ゾウは地上でもっとも大きな哺乳類です．現代の日本には野生のゾウはいませんが，数百万年前〜1万数千年前まで，日本にはゾウのなかまがくらしていました．マンモスやステゴドン，ナウマンゾウなどの化石が日本各地からみつかっています．太古の日本にいたのはゾウだけではありません．ヘラジカやバイソンなどの大型の草食動物，それらを餌とするトラやヒョウのような肉食動物など，大小さまざまな哺乳類もいました．そこには，今とはとてもちがった生態系があったことでしょう．タイムマシンがあればその頃に行ってみたいものです！

　もちろん，太古の熊本にもゾウがくらしていました．有明海の海底からは，数百万年前〜数十万年前のナウマンゾウやステゴドンの牙や歯の化石がみつかっています．熊本市立熊本博物館にはそれらの化石や復元模型が展示されています．

　もっと古い時代の哺乳類の化石も熊本からみつかっています．天草市御所浦町からは，約5,000万年前のバクのなかまの化石や，植物食で体長2mにもなったトロゴサス，カバのような生活をしていたコリフォドンなど，絶滅した大型哺乳類の化石が数多くみつかっています．天草市立御所浦白亜紀資料館ではこれらの化石の実物をみることができます．また，「肥後の獣」を意味するヒゴテリウムも宇土市赤瀬町から歯の化石がみつかりました．こちらは国立科学博物館に収蔵されています．

　さらに古い時代の哺乳類の化石も熊本からみつかっています．1992年，恐竜の化石が出ることで有名な御船町の地層から，約2.5mmの小さな歯と下あごの化石がみつかりました．これは日本で初めて発見された恐竜時代の哺乳類の化石でした．産地の御船町にちなんで，ソルレステス・ミフネンシス（図83）と名付けられたこの原始的な哺乳類は，約9,000万年前（中生代白亜紀後期），巨大な恐竜たちの足下で，小さな体を隠しながら小動物を食べてくらしていたと考えられています．御船町恐竜博物館の一角には，ソルレステス・ミフネンシスをはじめとする初期の哺乳類の進化に関する展示があります．

このように太古の熊本には，時代ごとに，今とはまったく異なる哺乳類がまったく異なる生態系のなかでくらしていました．生物多様性は時代とともに大きく変化してきたのです．その原因は種の進化や移動，そして絶滅です．

　数千万年前から，日本列島はアジア大陸と陸続きになったり，離れたりといった変化を繰り返してきました．陸続きになったときには，大陸で生まれた新しい種が日本列島に移動してきたり，逆に日本列島の種が大陸に分布を広げたりといった生物相の交流がおこりました．一方，大陸から離れたときには，列島内で独自の進化をとげた新しい種が生まれました．種の数は増加するばかりではなく，気候変動による生態系の変化や他種との競合に敗れた種が絶滅するなどして，減少もしました．このようなことの繰り返しが，ユーラシア大陸東部の生物多様性を変化させてきたのです．

　最後に，数万年前，ナウマンゾウなどの大型哺乳類の絶滅がおこり，現在の日本の哺乳類相がほぼ成立しました．その頃，ヒトが日本列島に住むようになりました．ヒトは森林を切りひらき，農業を営み，狩猟をするなどして，自然環境と相互に影響を与えあってきました．その結果として，今の「くまもとの哺乳類」があるのです．　　　　　　安田雅俊

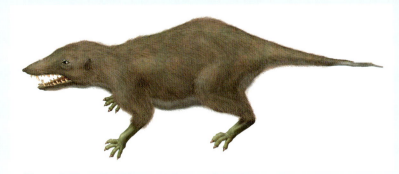

図83　恐竜時代の熊本に生息していた原始的な哺乳類ソルレステス・ミフネンシスの復元画（提供：御船町恐竜博物館．許可を得て掲載）．

第4章 兎目（ウサギ目）
ニホンノウサギ・アナウサギ

　兎目（ウサギ目）は全世界で93種が知られています．そのうち日本の在来種は2科4種（ウサギ科のエゾウサギ，ニホンノウサギ，アマミノクロウサギ，およびナキウサギ科のエゾナキウサギ）です．ほかに，ペットとして飼われていたヨーロッパ原産の外来種アナウサギ（ウサギ科）が日本各地で野生化しています．

　熊本県内では在来種のニホンノウサギと外来種のアナウサギがみられます．どちらも植物食性で，草，木の葉，芽，樹皮などを食べます．

　ニホンノウサギとアナウサギは行動や生態に大きな違いがあります．ニホンノウサギは夜行性で，群れをつくらず，巣穴を掘りません．一方，アナウサギは昼行性で，地下にトンネルを掘り，群れで生活します．

　繁殖や子の成長にも大きな違いがあります．1度に生まれる子の数は，ニホンノウサギが1〜4子なのに対してアナウサギは4〜6子です．ニ

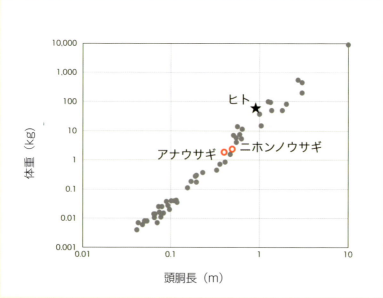

図84　熊本の兎目2種の体の大きさ．2種の間に体の大きさの違いはほとんどない．

ホンノウサギの子は十分に発育した状態で生まれてきます．これを早成性と言います．生まれたときから子には毛が生えていて，目も開いており，生まれてしばらくすると自分で動き回り，餌を食べるようになります．一方，アナウサギの子は未発達な状態で生まれてきます．これを晩成性と言います．生まれたときには毛がなく，目も開いていません．

　　　　　　　　　　　　　　　　　　　　　　　　　　　安田雅俊

61 在来のノウサギ，外来のアナウサギ

みなさんは森や草原で野生のウサギに出会ったことがありますか？ウサギといえば小学校の飼育小屋で飼われている印象が強く，野外に生息しているという印象はあまりないかもしれません．でも，ウサギは昔は身近な野生動物でした．

冬にはウサギ狩りがよく行われました．もちろん捕まえて食べるためです．1947年1月には，熊本市内の立田山でウサギ狩り大会が開かれ，5頭が捕獲されたという記録が残っています．今でも，産山村では毎年2月に「大草原のうさぎ追い」という催しが開かれていて，一般の参加もできます．ここでは捕まえたウサギは食べずに放します．

私が体験したウサギ狩りの方法を紹介します．山のふもとに横に長い網を設置します．その網に向かって山の上から勢子(せこ)とよばれる係が横一列にならび，「ちょーい，ちょーい」と掛け声を発しながら，竹の棒で地面や下草をたたいてウサギを追い出します．もし，ゆくてにウサギの姿が見えてもあせるのは禁物です．隣の人との間からウサギが逃げないように注意しながら，ゆっくりと網の方に向かって追いつめていきます．そして，ウサギが網に入ったら，網の後ろで待っていた人がすかさず上からウサギを押さえ込むのです．

図85 ニホンノウサギ．立田山（熊本市）にて2009年3月13日撮影（安田雅俊）．

九州にはニホンノウサギ（以下，ノウサギ）とアナウサギの2種のウサギがいます．ノウサギは在来種ですが，アナウサギは外来種です．

　ウサギ狩りの対象になるのはノウサギです．ノウサギは巣穴を掘る習性がなく，単独で行動します．大きな足は天敵に襲われたときに走って逃げるのに役立ちます．私が目撃したときも，野生のノウサギはすばやく走って逃げていきました．逃げ足は速く，とても追いかけることはできませんでした．

　一方，ペットとして飼われているウサギはヨーロッパ原産のアナウサギを品種改良したものです．野生のアナウサギは地中に複雑な巣穴を掘り，群れで生活します．上で紹介したようなウサギ狩りの方法はアナウサギには使えません．なぜなら，危険がせまると巣穴に隠れてしまうからです．人間が持ち込んだアナウサギが野生化している島が熊本にもあります（第62話）．

　ノウサギのおもな食物は，植物の葉や若芽，樹皮などです．植えたばかりのスギやヒノキの苗を食害することがあり，林業家には悩みの種です．

　ノウサギは夜行性なので，昼間に出会うのは難しいかもしれません．でも，地面をよく探してみると，直径1cmくらいの大きさの丸い糞がみつかります．意外と身近にノウサギがいるものです．

　ウサギは自分が排出した糞も食べます．これは糞食行動と呼ばれ，ウサギの消化過程の一部です．ウサギの糞には硬糞と軟糞があります．地面でみつかるのは硬糞です．軟糞にはタンパク質やビタミンなどが豊富に含まれており，ウサギはその糞を食べて栄養を吸収するのです．

皆吉美香

図86　ニホンノウサギの糞（硬糞）．立田山（熊本市）にて2006年10月30日撮影（安田雅俊）．

62 牛深のウサギ島

　ウサギはイヌやネコに次ぐペットとして親しまれています．また多くの小学校で飼育され，子どもたちの情操教育に役立っています．これらはヨーロッパ原産のアナウサギを家畜化したカイウサギで，日本の野山に生息するニホンノウサギとは別種です．ペット以外にも食用や毛皮（ファー）用・狩猟用として世界各地に持ち込まれました．オーストラリア大陸に持ち込まれたアナウサギはまたたく間に全土に広がり，在来の草食有袋類を減少させています．

　さて，私が天草市牛深町に在住していた1986年，高添さん（熊野研の現会長）から「牛深大島のカイウサギの調査をするから手伝ってくれないか」という連絡がありました．このことが私と熊野研との出会いでした．

　牛深大島は1974年に全島民の転住により無人島となっています．

図87　牛深大島にかつて高密度に生息していたカイウサギ．熊本県天草市にて1989年9月23日撮影．

1982年に牛深市民が自宅で飼育していたカイウサギ3頭（雄1頭，雌2頭）を大島に放しました．その後急速に個体数を増やして地元の話題となり，新聞報道もされました．当時，発足したばかりの熊野研は哺乳類の個体数変動を把握する格好の調査対象として，大島のカイウサギに注目しました．

　1986年3月，知り合いのダイビングショップの船を借り，熊野研のメンバーと大島へ向かいました．港に着く前から海岸にカイウサギの姿が点々と見え，港周辺や灯台への道にはウサギの糞（ふん）がいたるところにありました．まるで，島全体が「ふれあい動物園」のような状態でした．その年から1991年にかけて生息調査や植生調査を継続的に実施し，次のようなことがあきらかになりました．

　1982年に移入された3頭は気候が穏やかで食草も豊富，そして天敵がいない環境の下で，1986年までの4年間になんと600頭以上に数を増やしました．まさに「ウサギの楽園」です．ところが翌年にはほぼ半減しました．これは増えすぎたカイウサギが草を食べつくし，餌が少なくなったことが原因と思われます．以後1991年までは約200頭の横ばい状態が続きました．その後はしばらく調査を行っていませんでしたが，ダイビングショップのオーナーからは「姿を見るよ」という連絡が届いていたので，安定した状態を維持しているのだろうと考えていました．

　2013年夏，22年ぶりに大島へ向かいました．上陸してすぐに異変に気づきました．カイウサギの姿もその糞もまったく見あたらず，カイウサギが好む植物にも食べられたあとがありません．かつてはカイウサギの食害でほとんど姿を消していたツワブキもたくさん生育していました．灯台への道沿いにも，集落跡に続く道沿いにもカイウサギの姿はまったくありませんでした．

　その後，地籍調査のために島をくまなく歩いたことがある役場の職員や灯台の保守点検を行っている気象庁の担当者に聞き取りを行いました．彼らの話を総合すると，2010年頃にカイウサギは姿を消したようです．その原因は不明です．いったいカイウサギに何があったのでしょう．みなさんはどう考えますか？

坂田拓司

63 天草の哺乳類の謎

　天草は，九州本土の宇土半島から5つの橋をわたって車でいくことができる風光明媚なところです．一番大きな天草下島は，日本で8番目に大きな島です※．これに上島や大矢野島，鹿児島県の長島などを加えた天草諸島全体の面積は佐渡島（同4位）に匹敵します．

　生態学では，一般に陸地面積が大きいほど種数が多くなり（種数−面積の関係），同じ大きさの島なら大陸から離れるほど種数が少なくなる（種数−距離の関係）ことが知られています．

　もしそのとおりなら，天草のように九州本土から近くて大きな島には多くの種が生息しているはずです．しかし，実際はそうではありません．九州本土では普通種の哺乳類が天草には分布していません．たとえば，ニホンノウサギ，キツネ，アナグマといった，よくめだつ中型哺乳類がいないのです．2012〜2013年に私たちが行った調査でも生息は確認で

図88　天草の山と海．遠景は長崎県島原半島．熊本県上天草市にて2013年4月8日撮影（坂本真理子）．

きませんでした．これら3種は対岸の宇土半島には今も生息しています．それなのに，なぜ天草にいないのでしょうか？

私たちの祖先は毛皮をとったり食料にしたりするために，古来よりたくさんの野生動物を狩猟してきました．実際，天草の縄文時代の貝塚からはニホンノウサギの骨が出土しており，数千年前には天草に生息していたことがあきらかです．

これらのことを考えると，今は分布しない種であっても，はじめから天草にいなかったのではなく，かつては分布していて，ヒトに狩り尽くされてしまったと考えるのが妥当ではないでしょうか．

文献によれば，ニホンジカもまた，それほど遠くない過去（おそらく江戸時代以降）に天草から絶滅したようです．しかし，数年前から天草で目撃されるようになりました．ニホンジカは泳ぎが上手なので，対岸の九州本土から海をわたって天草に帰ってきた可能性が高いでしょう．

では，ニホンノウサギ，キツネ，アナグマはいつ天草に帰ってくるのでしょうか．それは哺乳類相のモニタリングを続けることで今後あきらかになってくるでしょう．

天草の哺乳類はまだまだ謎だらけなので，もっと多くの情報が必要です．カワネズミやニホンジネズミなどの小型種，ムササビやヤマネなどの樹上性の種，ニホンザルなど分布がよくわかっていない種がたくさんいます．天草の哺乳類の情報を求めています．どんな種についての情報でもかまいません．昔の情報はとくに貴重です．情報提供をいただける方は，熊本野生生物研究会にご一報ください． 安田雅俊

※ここで島とは本州などの主要4島を含まず，北方領土を含みます．

第5章　霊長目（サル目）
ニホンザル・ヒト

　霊長目（サル目）は全世界で426種が知られています．そのうち2種が日本に自然分布しています．1種はニホンザル，もう1種は私たちヒトです．ニホンザルの分布の北限は青森県下北半島で，ここは野生の霊長類の分布の北限でもあります．一方，ヒトは文化をもつことで北海道以北の地にもくらすことができるようになりました．どちらも昼行性で，群れでくらし，熊本県内でみられます．

　ニホンザルはオナガザル科，ヒトはヒト科に属します．オナガザル科は全世界で123種，ヒト科はヒト（ホモ・サピエンス）に加えて，チンパンジー，ボノボ，ゴリラ2種，オランウータン2種の計7種からなります．大型類人猿情報ネットワークによれば，日本にはチンパンジー320個体，ボノボ6個体，ゴリラ25個体，オランウータン47個体，計398個体がくらしており，そのうち九州にはチンパンジー98個体，ボノボ6個体，ゴリラ1個体，オランウータン5個体，計110個体（28％）がくらしています．ちなみに，九州の人口は約1,300万人です．

　さて，2014年のノーベル物理学賞は青色の発光ダイオード（LED）の発明と実用化において功績があった3名の日本人が受賞しました．これは，すでに実用化されていた赤や緑のLEDに青が加わったことで光の3原色がそろい，LEDの爆発的な普及につながったからです．ところで，なぜ3原色が重要なのでしょうか．

　霊長目の多くの種は昼行性で，私たちヒトと同じように3色型色覚をもちます．3色型色覚をもつ動物の目の網膜には，青紫（420 nm），緑（530 nm），黄緑（560 nm）のそれぞれに感度ピークをもつ3種類の光受容器（錐体）があり，色の3原色（青，緑，赤）によって環境を「フルカラー」で見分けることができます．赤はもっとも長い波長域にピークをもつ黄緑の錐体で感じています．

　一方，霊長類以外のほとんどの哺乳類は青紫と緑の2種類の錐体のみをもち，赤を感じる黄緑の錐体をもたないため，緑と赤を区別することができません．これを2色型色覚と呼びます．長い進化の過程において，

哺乳類は基本的に夜行性であったため，さまざまな色を見分けることは，彼らの生存にとってあまり重要ではなかったのでしょう．
　ところが，多くの鳥類は紫外域にピークをもつ第4の錐体をもち，私たち霊長類よりもさらに多くの色を見分けることができます．その能力は，進化の過程において，鳥類とその祖先である恐竜が昼行性であったことと関係しているという仮説があります．
　霊長目の「霊長」とは，「万物の霊長」という中国の古い書物のなかにある言葉からきています．その意味は「すべてのもののなかで，もっとも優れているもの（つまり，ヒト）」です．また，霊長目のことを英語では Primates と書きますが，これはラテン語の「第一位の」という言葉をからきています．この単語にはキリスト教の「大司教」という意味もあります．洋の東西を問わず，ヒトは自分自身のことを「もっとも優れたもの」と考える傾向が強いようです．他の生物のためにも，もう少し謙虚さがあったほうがよいのではないでしょうか．少なくとも，色覚の点では，霊長類は「すべてのもののなかで，もっとも優れている」とは言えないのですから．　　　　　　　　　　　　　　　　安田雅俊

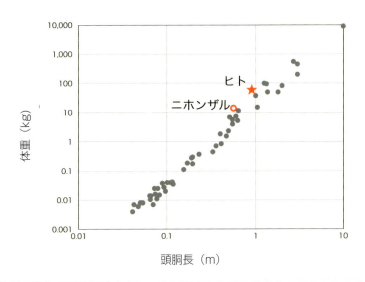

図89　熊本の霊長目の体の大きさ．ニホンザルはヒトよりも小さい．

64 群れをつくるニホンザル

　熊本市動植物園でおなじみのニホンザルは，48年前に相良村のある一つの群れから捕獲された40頭をルーツとしています．

　ニホンザルは，その社会に雄や雌の順位があり，群れとしてまとまって生活しています．群れの多くは数十頭ですが，球磨郡相良村には約100頭からなる大きな群れがあり，熊本県内最大級のものです．

　さて，相良村と五木村の川辺川流域は，ニホンザルの県内最大の生息地で，約430頭のサルが，8つの群れに分かれてくらしています．また，球磨郡球磨村でも1986年，子連れのサルが目撃されたことをきっかけに，約50頭の群れの存在が突き止められました．球磨郡錦町の2群約80頭を加えると球磨郡だけで約560頭が生息しています．さらに隣接する泉村（現在の八代市泉町）でも約30頭の群れがみつかり，県南だけで12群約590頭が確認されました．

　県内のニホンザルのもう一つの大きな生息地は，南阿蘇地域（旧久木野村，旧白水村および高森町）です．尾根が東西に連なる阿蘇南外輪山の北斜面にはとくに高密度で生息しています．ここも昔からの群れがあり，狼ヶ宇土原生林から，約6km東に広がる高千穂野一帯に，3群いることが地元では知られていました．季節ごとに変化する食物を摂るために移動したり，安全に休んだりする場所を少しずつ変えながら，サルたちは遊動していたようです．明治時代には，まれにタケノコ等を採りに人里に現れており，その度に火をつけた竿で人間から脅かされて山奥に帰っていたそうです．

　以前，久木野で2〜3月に群れを追跡したことがありますが，そのとき群れの1日の移動距離は約400mでした．群れの移動といっても，全体がいっせいに移動するのではなく，かなり広い範囲に散らばった各個体が勝手な方向に移動し，いつの間にか全体が一定の方向に進んでいるというものでしたから，各個体の道のりはもっと長いと思われます．

　南阿蘇の群れに着目すると，群れの行動域や分布についておもしろいことが見えてきます．阿蘇南外輪山の北に位置する久木野では，国有林

の伐採がはじまる昭和30年頃まで，群れで山のクリなどを拾っているニホンザルが見られていたようです．しかし，雑木で被われた国有林が山裾から伐り上げられていくにしたがって，この一帯からいなくなりました．群れは天然林が残る東に移動し，狼ヶ宇土原生林の西に位置する地蔵峠より西へは移動しませんでした．その先（西原村）には昔から広い採草地の草原が広がっていて，群れとしての遊動がそこで断たれたためと考えられています．

　こうしてみていくと，ニホンザルの群れというのは，そう簡単に新しい土地に拡大分散したり，新しい群れが形成されたりしないようです．現在も県内には17群が存在し，群れを形成しているニホンザルの個体数は790頭と推定されています．

　近年は目撃情報も増えてきたように感じますが，それは単独でくらしているサルの場合が多いようです．一般に，ニホンザルの群れの生態について詳しく調べられているかというと疑問です．これからも常にその実態と変化の原因を調べていく必要があるでしょう．　　　　長尾圭祐

図90　ニホンザル．熊本県あさぎり町にて1996年3月10日撮影（天野守哉）．

65 熊本の類人猿

　動物園のチンパンジーの前で，おとなが子どもに「ほら，サルがいるよ！」と教える光景にであうことがあります．でも，チンパンジーはサル（monkey）ではありません．ヒトのなかまの類人猿（ape）です．ここでいう「ヒト」とは私たち人間を「生物学的な種」としてとらえたときの呼び名です．以下では，ヒトと類人猿について考えてみましょう．

　ヒトは霊長目ヒト科の一種です．ヒト科は，ヒトだけでなく，他の6種の大型類人猿（アフリカに分布するチンパンジー，ボノボ，ニシゴリラ，ヒガシゴリラ，アジアに分布するボルネオオランウータン，スマトラオランウータン）からなります．

　同じヒト科ということは，分類学からみると，「ヒト」と「大型類人猿」の2つのグループに無理に分けるよりも，「ヒト＋大型類人猿」7種をまとめて1つのグループとしてとらえる方がより正確です．

　チンパンジーをはじめとする大型類人猿は私たちヒトにとって進化的な「隣人」なのです．大型類人猿の研究者は，彼らを数えるとき，1頭，2頭ではなく，1人，2人と数えます．また，彼らに限定的な「人権」を認めようと主張する人びともいます．

　では，ヒト科についての次の2つの問題を考えてみてください．

問題1
　地球上にヒト以外の大型類人猿6種は何人いると思いますか？
答え
　6種あわせて約50万人です．一方，地球上には70億人以上のヒトが190以上の国にわかれてくらしています．ヒト科の99.992％がヒトで，残り6種をすべてあわせても，たったの0.008％にしかなりません．また，地球上には人口50万人未満の国がたくさんありますが，類人猿が統治する国というのは映画の中にしかありません．

これって何かヘンだと思いませんか？ なぜこんなに偏ってしまったのでしょうか？ なぜヒト以外の6種は国をつくれないのでしょうか？

問題2
ヒト以外のヒト科（大型類人猿）の人口がもっとも多い日本の都道府県はどこでしょうか？

答え
熊本県です．宇城市にある京都大学野生動物研究センター熊本サンクチュアリには56人のチンパンジーと6人のボノボがくらしています．熊本市動植物園と阿蘇のカドリードミニオンにはそれぞれ5人，2人のチンパンジーがくらしています．なんと，熊本県内には日本にいる398人の大型類人猿のうち約17％がくらしているのです．もちろん，すべて飼育施設でくらしています．

類人猿たちはどのような目的で日本につれてこられたのでしょうか？なぜ今，熊本県にたくさんいるのでしょうか？ ぜひ調べてみてください．

安田雅俊

図91 飼育下のチンパンジー．熊本市動植物園にて2014年12月7日撮影（田上弘隆）．

66 ヒト 私たちの課題

　今，ヒトは解決しなければならない3つの根本的な問題を抱えています．

　1つめは土地と食料生産に関する問題です．ヒトの祖先は，今から500万年前のアフリカの大地で直立二足歩行をはじめました．人類が今のヒトに近い体型になった200万〜300万年前，地球上のヒトの数は1,000人と推定されています．

　旧石器時代の100万年前，人口は約13万人になりました．このとき，1人あたりの陸地面積は11万haありました．ところが，体毛を失った代わりに脱着可能な毛皮ともいうべき衣服を手に入れて極寒の地にも灼熱の大地にも進出できるようになりました．さらに休息と繁殖のための家を造るようになったヒトは，家を集合させ，都市という人工の生活場所を次々と拡げ，あらゆる土地への進出を果たしてきました．

　2050年頃には人口が100億人に達し，1人あたりの陸地面積は1.5haになると予測されています．陸地といっても砂漠や氷雪原，山岳地およびツンドラのように不毛な土地も多く，実際に利用可能な土地は0.7ha以下と考えられています．

　現在ヒトは，食料生産のために1人あたり0.9haの陸地を使っています．このことは，21世紀後半には，利用可能な土地をすべてヒトの食料生産だけに充てなくてはならないことを意味しています．私たちはそれに耐え，地球上にヒトがあふれる時代を生きていくのでしょうか．

　2つめは資源消費に関する問題です．ヒトは活動の活発化に伴い，自然が生産した資源を急速に消費するようになりました．ヒトは直立二足歩行をはじめ，言葉を獲得し，道具を作り，火を利用するようになり，家族や社会を形成しました．さらに文字で知識を蓄積して築いた文明の中で，家畜や作物を作出し，自然界にはなかった食物連鎖を形成しました．こうしてヒトは今までの自然界になかったニッチ（生態的地位）を獲得し，同時に生態系の中の「動物」を逸脱した道を歩いています．これからもそうでしょう．

3つめは自然を改変し自然から搾取するという経済原理を作ってしまったことです．これは最大の問題で，今もそこから抜け出すことができません．ヒトは復元できないままに自然破壊を続け，処理法のない廃棄物を次々と放出しています．将来に目をつむって突き進んでいます．この姿がヒトの本質なのでしょうか．

　地球レベルで無視できないほどの大量搾取を自然環境から行うようになった哺乳類ヒトは，新たな課題を背負わされています．それは，ヒトを含めた生物たちの未来が，ヒト自身にゆだねられているということなのです．

長尾圭祐

図92　典型的なヒト．解説版には「趣味：地球破壊・戦争；将来性：地球を理解しないかぎり，自滅する恐れがある（自滅危惧種）；可能性：良心を内蔵し，輝く未来もある」とある．わくわく海中水族館シードーナッツ（熊本県上天草市）にて2014年12月14日，許可を得て撮影，掲載．

第5章　霊長目（サル目）

第6章　翼手目（コウモリ目）

　コウモリは翼手目（よくしゅもく）の名が示すとおり，腕（前肢（ぜんし））と足（後肢（こうし））に飛膜が発達して翼の形を獲得し，哺乳類の中で唯一，自由に空を飛ぶことができる動物です．後肢から尾にかけても飛膜があり，停止や餌の捕獲に使用されます．なお，ムササビやモモンガは滑空することができますが，自由に飛ぶことはできません．世界の哺乳類5,513種のうち，コウモリは1,150種（約21％）を占めています．食べものは昆虫や果実・花蜜・花粉・葉に加えて，カエルや魚，血液にいたるまで多様です．日本には絶滅2種を含む計35種が分布する，種数の多いグループです．

　哺乳類は巨大隕石の衝突が原因とされる中生代末の生物大絶滅を生き延びたあと，それまで恐竜等が占めていた生態的地位（ニッチ）に入り込むように適応放散をとげ，多種多様なグループが出現しました．コウモリの祖先は空というニッチに進出しましたが，昼間の空にはすでに鳥という強力なライバルがいました．もともと哺乳類は夜行性で聴力を発達させていたこともあり，コウモリは光＝視覚ではなく，超音波＝聴覚で情報を得るエコーロケーションを発達させました．夜はガなどの昆虫類が活発に活動します．超音波を発してその反射音を捉えて確実に捕まえます．そのためには，すばやくて小回りのきく飛行能力が必要です．また，これらのコウモリから視覚を発達させてエコーロケーションを失い，果実を主食にした大型の種類が進化しました．日本では南西諸島に生息しているオオコウモリの仲間です．沖縄に分布するクビワオオコウモリは体重約400g，翼を広げた長さが85cmもあります．

　温帯から寒帯に生息するコウモリは，体温を下げて冬眠することも大きな特徴です．これは，餌の昆虫が活動しない冬場を越すための適応です．秋までに子育てが一段落すると，食物から得られる栄養分を脂肪に変えて蓄え，冬眠を乗り切るエネルギー源にします．洞穴や樹洞などをねぐらにするコウモリが多いのは，気温と湿度が安定していて，冬を乗り切るのに都合がいいからです．冬眠中のコウモリを手にすると，その冷たさにびっくりします．

さらに2つの大きな特徴をもっています．一つは長寿命，もう一つは繁殖様式です．哺乳類の寿命は小型の種（ネズミやジネズミ）では約1年，イヌで約15年，ゾウで約70年です．ところが，体重約8gのモモジロコウモリで18年，約25gのキクガシラコウモリで23年という記録があります．栄養条件が良くて医療が発達した先進国に住むヒトとともに，哺乳類の中では体重比の寿命の長さは異例です．これは冬眠という生活様式が生み出したことではないかと考えられています．

　また，秋に交尾を終わらせたあと，半年間ほど生殖過程が中断され，翌年の梅雨期に出産をします．中断には2パターンがあり，一つは精子が雌の子宮卵管移行部で保存される精子貯蔵型，もう一つは受精後の胚が着床しないで保持される遅延着床型です．これも，冬眠期をやりすごして，餌の豊富な時期に合わせて出産・哺育するための適応でしょう．

　コウモリの外部形態はおもに，前腕長（ひじから手首まで）と体重を計測します．必要に応じて耳介（耳）や耳珠（耳の内側の突起）の長さ，下腿長，後足長などをノギスで測定します．

　では，これまでに熊本県内で確認されたコウモリを紹介します．キク

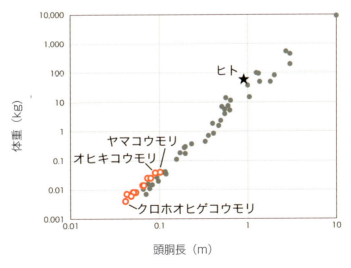

図93　熊本の翼手目12種の体の大きさ．翼手目はすべて小型種である．体重は最大の種ヤマコウモリで40g，最小の種クロホオヒゲコウモリで4gほどしかない

ガシラコウモリ科のキクガシラコウモリとコキクガシラコウモリ,ヒナコウモリ科のヤマコウモリ,ヒナコウモリ,アブラコウモリ(別名,イエコウモリ),モモジロコウモリ,ノレンコウモリ,クロホオヒゲコウモリ,ユビナガコウモリ,テングコウモリ,コテングコウモリ,オヒキコウモリ科のオヒキコウモリの12種です.さらに,ウサギコウモリは隣の大分県で確認されています.今後の調査で熊本県内でも発見される可能性が高いでしょう.

さて,みなさんは「コウモリ」と聞いて,どのような印象を抱きますか?「空を飛べるのはすごい」「小さくて愛らしい」「害虫を食べる益獣で大切な動物」と思う人は少ないでしょう.よくて,「ヒーロー,バットマン!」.コウモリ学習会の最初に参加者に尋ねると,多くの人から「怖い」とか「得体がしれない」,「吸血鬼」,「人を襲う」という返事が返ってきます.ヒトは得体のしれないものに対し,偏見を抱きやすいものです.私も「ドラキュラ」関係の本や映画の影響を受けて同じような印象を持っていました.しかし,調査を重ねるにつれイメージが変わりました.そこで,私がコウモリの立場で誤解を解いてみましょう.

・「怖い」「得体がしれない」

ヒトは昼行性の動物です.五感の中でも特に視覚に頼って情報を集めています.そのためか,ものが見えない暗闇を本能的に怖がります.その暗闇の中をコウモリは自由自在に飛び回っているのです.得体の知れない動物です.また,コウモリはさかさまにぶら下がって休憩しますが,私たちヒトは両足で立つという真逆の姿勢なので,違和感を抱きます.

図94 テングコウモリ.熊本県山都町にて2007年9月30日撮影.

このようなことから，ヒトはコウモリを気味の悪い動物と感じるのでしょう．しかし，みなさんはこの本を読みすすむと，知らないことから生まれる偏見から解き放たれ，「コウモリってすごいんだ」と思えるようになります．

・「吸血鬼」「人を襲う」
　「怖い」イメージを抱いていると，ありもしないことを信じたりしますが，これらのことはその典型的な例です．
　日本に生息するコウモリはヒトを襲うことはありません．私たちがコウモリのいる洞穴に入ると，ビックリしたコウモリが慌てて飛び回ってぶつかることがあります．これは攻撃しているのではなく逃げ回っているのです．コウモリの立場からすると，「ヒトが襲ってきた．逃げろ！」という状態なのです．
　一方，血液を食料にしているコウモリは実際にいます．中南米に生息する3種で，2種は鳥の血液を，1種（ナミチスイコウモリ）のみが哺乳類の血液を食料としています．このコウモリは寝ている野生の哺乳類や家畜の皮膚を鋭い歯で切って，流れ出る血液をなめます．ヒトはよほど不用心に野外で寝ていないかぎり襲われることはありません．なお，これらのコウモリは日本には生息していないので心配いりません．
　ただし，海外ではコウモリが伝染病を媒介した例があります．コウモリにかぎったことではありませんが，野生の動物を捕まえようとすると咬まれることがあります．そのような行為はしないでください．また，死体や糞などを直接触らないようにしましょう．　　　　　　　坂田拓司

図95　ノレンコウモリ．熊本県山都町にて2008年7月28日撮影．

67 コウモリの出す超音波を聞く バットディテクター

　音は物質の振動として伝わります．ゆっくりとした振動（低周波）は低い音，細かい振動（高周波）は高い音です．ピアノが出す音程は最低音 30 Hz（ヘルツ，1 秒間に 30 回の振動）〜最高音 4 kHz（1 秒間に 4,000 回）です．私たちヒトは約 20 Hz から約 20 kHz までの音を聞くことができます．この範囲を可聴域と言います．20 kHz 以上の高い周波数は超音波といい，ヒトは聞くことができません．

　コウモリが発する声には大きく 2 種類あります．一つはヒトにも聞こえる可聴域の声です．モモジロコウモリは捕獲されたときに，「やめてくれ」という意味で「キッキッキッ……」という声を出します．もう一つは夜間，飛翔するときに発する超音波です．これは種類や状況によってその周波数や発し方に違いがありますが，多くのコウモリの発する超音波はヒトには聞こえません．そこで登場するのが「バットディテクター」です（図 96）．

　この装置はコウモリの発する超音波をヒトが聞き取れる音に変換しま

図 96　バットディテクター．超音波をヒトが聴こえる音に変換する装置．

す．アブラコウモリがヒラヒラと飛んでいるときに，この装置のダイヤルを約 40 kHz にあわせると「ピチュピチュピチュ……」という声が聞こえます．これは餌や障害物を探るための探索音です．虫を捕まえるために反転して複雑な飛び方になると「ジュルジュル……ジュ」と変化します．

　キクガシラコウモリが街灯の周辺で飛んでいるときにダイヤルを約 70 kHz にあわせると「ピピピピ……ピポパポ」と聞こえます．

　このようにバットディテクターを使うと，たとえ暗闇であっても大まかな種の判別やどんな行動をしているのかがわかります．コウモリの観察会や調査には欠かせないアイテムです．

　さて，熊本城で毎年春に出現するオヒキコウモリは約 13 kHz の音声を出します（図 97）．ヒトの可聴域でもかなりの高音です．女性や若者にはこのコウモリの音声が耳でじかに聞こえるのですが，50 台半ばの男の私はバットディテクターを使わないと聞こえません．否が応でもわが身の老化現象に気づかされ，私は調査のたびに憂鬱になるのです．

坂田拓司

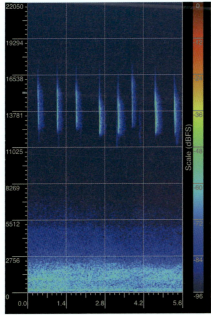

図 97　オヒキコウモリの音声のソナグラム．ソナグラムとは時間を横軸，音の周波数を縦軸にとり，音の強さを色で表したグラフ．スマートフォンと専用のアプリを使うことで，野外の現場で音の周波数やパターンを確認できる．iPhone と SpectrumView Plus（オックスフォード・ウェーブ・リサーチ社）を使用．熊本城（熊本市）にて 2014 年 2 月 2 日録音（安田雅俊）．

68 洞穴のコウモリ

　みなさんは「漆黒の闇」を経験したことはありますか？　どんなに暗い闇といっても，戸外や屋内ではわずかな光がもれているものです．私は御船町の風神洞の奥で初めて経験しました．うながされてヘッドライトの電源を切ると，まさに闇．水音で人の気配は消されてしまい，ひとりぼっちになったようです．そして，まぶたを閉じても開いてもその暗闇は変わらないのです．「今自分は目を開けているのか？」という疑問をいだかせる不思議な体験でした．この闇の中をコウモリは飛んでいるのです．「……スゴイ！」と思いました．

　熊本県は南部を中心に石灰岩の地層が広がっており，多くの鍾乳洞が分布しています．また，阿蘇地域には溶岩の流出時に形成された溶岩洞がいくつか知られています．さらに人工的に掘られた坑道や防空壕も多くあり，洞穴性コウモリにとって格好のすみかとなっています．

　熊本県内で確認されている洞穴性コウモリはキクガシラコウモリ，コキクガシラコウモリ，モモジロコウモリ，ノレンコウモリ，ユビナガコウモリの5種です．

　キクガシラコウモリは比較的大型のコウモリです．前腕長約57 mm，体重約25 g，翼を広げると35 cmほどです．超音波を発する鼻の周囲に花びらを複数重ねたような突起があり，それが和名の由来です．この突起はパラボラアンテナの役割をしているようです．また，単独で冬眠する場合は翼で体を覆い，後ろ足だけで垂直にぶら下がります（図98）．「バットマン」で知られるこの姿，じつはキクガシラコウモリ属に特有の姿で，食虫性のコウモリの中では少数派です．まとまった森と洞窟があれば幅広い環境に生息し，熊本市内の立田山や金峰山の防空壕などでは普通種です．

　コキクガシラコウモリはキクガシラコウモリよりかなり小型で，前腕長約40 mm，体重約7 gです．洞窟の比較的奥部で休息しています．キクガシラコウモリよりも生息する洞窟の環境要因がかぎられ，森林への依存度も高いようです．五木村の旧人吉高校五木分校脇の河原に設置し

たカスミ網で捕獲されたことがあります．地表すれすれの高さでした．

　モモジロコウモリは腹部が白っぽい小型のコウモリです．前腕長約38 mm，体重約8 gです．林床や水辺周辺で餌を探して飛翔(ひしょう)します．まとまった森林が広がっている地域に生息しており，都市周辺では見かけません．洞窟内では狭い隙間で単独で休息する姿を見かけます．捕獲のさい，可聴域の「ギーギー」という音声で鳴くのが特徴的で，これが聞こえたら，私たちは「これはモモちゃんだな」と判断します．

　ノレンコウモリはモモジロコウモリとほぼ同じ大きさです．前腕長約40 mm，体重約8 gです．耳の突起（耳珠）が長いことと，尾膜に細かい毛がまばらに生えている（ノレンという名前の由来）ことから区別できます．洞窟内では天井のくぼみに数十から数百頭単位の集団で休息します．熊本では2ヶ所の繁殖洞が知られています．

　ユビナガコウモリは名前のとおり，指が長く翼は細長い形状をしています．これは，長距離を高速で飛翔するのに適しています．前腕長約48 mm，体重約14 gです．顔と耳が丸っこく，ビロードのようなこげ茶色の体毛で覆われています．球磨村の大瀬洞(おおせどう)は，約2万5,000頭が冬眠をするということで有名です．また2013年，宇城市と菊池市で出産保育をするトンネルが発見されました．とくに菊池市のトンネルは大規模な集団が利用していて，重要な場所と思われます．　　　　坂田拓司

図98　冬眠中のキクガシラコウモリ．立田山（熊本市）にて2012年12月6日撮影（安田雅俊）．

第6章　翼手目（コウモリ目）　　161

69 天狗山のノレンコウモリ

　会員の歌岡さんから耳寄りな情報を得たのが 2004 年でした．熊本市の西部に位置する本妙寺の裏山にある洞穴に，耳の長いコウモリが棲んでいる，という内容でした．「もしかして，幻のウサギコウモリか!?」と，胸が高鳴りました．さっそく段取りをつけ，10 名ほどで調査に出かけました．当時は大量のゴミが洞穴の入口をふさぐように積もっており，ガラスの破片に注意しながら入らなければなりませんでした．

　高さ 4 m，幅 1.5 m の真っすぐな人工洞です．壁にはノミの跡が残っていました．入ると同時にコウモリの糞特有のにおいが鼻をつき，期待がふくらみます．

　20 m ほど進むと休息中のキクガシラコウモリがポツポツと出はじめました．さらに 20 m 進むと，円錐形のコウモリの糞塊（グアノ）が目に入りました．裾野の直径 50 cm 高さ 30 cm ほどです．真上を見上げると天井にくぼみがあり，そこに 200 頭ほどのコウモリの集団がいまし

図 99　ノレンコウモリの集団（左）と洞窟内の不法投棄物（右）．どちらも天狗山洞窟（熊本市）にて 2008 年 7 月 11 日撮影．

た（図99左）．

　数頭を捕獲し図鑑を参考に同定したところ，ノレンコウモリと判明しました．ウサギコウモリほどではありませんが，けっこう耳の長いコウモリです．当時，県内では1例しか記録のない貴重な種ということで，参加者一同興奮しました．なお，この洞穴には名前がなかったので「天狗山洞窟」と命名しました．

　グアノから10 m進むと天井が急に低くなり，その先約20 mで行き止まりとなります．その低くなる部分には扉をつけていたと思われるくぼみとさびた金具が残されていました．そこでこの洞穴の由来や使用目的を熊本市の文化財関係者に聞きましたが，資料は残されていないとのことでした．

　その後，毎月1回の調査を約5年間続け，次のようなことがわかりました．

① ノレンコウモリは春に飛来し，毎年同じくぼみに約200頭が集団を作る．梅雨末期に出産し保育がはじまる．11月中旬を過ぎると急に個体数が減り12月にはほとんど姿を消す．
② コキクガシラコウモリも梅雨末期に数百頭の繁殖コロニーを作り出産・保育をする．それ以外の時期は数頭から数十頭が，洞穴奥の狭い空間で休息する．
③ キクガシラコウモリは通年数十頭が利用し，コキクガシラコウモリよりやや遅れて出産保育が行われる．
④ まれにユビナガコウモリやテングコウモリも利用する．

　このように，天狗山洞窟は希少種が継続的に休息や繁殖に利用している重要な洞穴であることがわかりました．しかし当時，その入口には不法投棄されたゴミが山積みで（図99右），調査のさいもいつゴミが落とされないかとヒヤヒヤしながら入ったものです．この状況は，森を管理している熊本森林管理署に加えて熊本市やエコパートナーくまもとの協働により大型ゴミは撤去されて改善されました．しかし，ゴミが入口の半分をふさいでいたことが洞内環境を安定させていた可能性もあり，現在はとくに手をいれずに経過を観察しています．　　　　　　坂田拓司

70 乱舞　ユビナガコウモリ

　目を開けていられない，とはこのことでしょうか．侵入者のライトに興奮したユビナガコウモリの大群が乱舞しはじめたのです．私が球磨村の大瀬洞に初めて入った 2001 年 7 月のことでした．

　活動期にこの洞窟を利用するコウモリの数を調べに入ったのですが，われわれが近づくだけであきらかに集団がざわつきはじめ，飛翔をはじめるコウモリが出てきました．

　ライトを集団に向けるといっせいに多くのコウモリが飛び立ち，見る間に無数のコウモリが洞内を乱舞します．「パタパタパタ」，「バサバサ」という飛翔音の中，どんどんぶつかってきますし，糞も飛んできます．とても個体数を数える状況ではありませんでした．

　出洞後，案内していただいた荒井秋晴先生から，「約 3,000 頭かな．ライトの前を横切るコウモリの頻度でだいたいわかる．でも，慣れが必要だよね」と教えていただきました．

図100　ユビナガコウモリの冬眠集団．大瀬洞(熊本県球磨村)にて 2006 年 1 月 7 日撮影．

翌年の1月には冬眠期の調査に入りました．大集団がいます．天井がひじょうに高いので，最初は万を超えるコウモリがいるとは思えませんでした．強力ライトの明かりに浮かび上がるピンクの鼻頭をたよりに，10頭のまとまりが10個で100頭，100頭のまとまりが10個で1,000頭と積み上げ，そのまとまりが何個分あるかという方法で推定すると，約1万5,000頭となりました．冬眠中のためライトが当たっても少し震えるくらいで，おとなしいものでした．

　1970年代に大瀬洞に生息する多数のユビナガコウモリにバンドをつけ，どこに移動するかを確かめる調査が行われています．とてもたいへんな調査だったようですが，その成果は論文にまとめられています．それによると，ユビナガコウモリは冬眠期，活動期，出産・保育期，そして交尾期に利用する洞窟を使い分けて，季節的に移動していることがわかりました．また，大瀬洞を中心に約70 kmの範囲を行動していますが，遠くは150 kmの離れた山口県の秋芳洞へ移動していました．

　このようにユビナガコウモリは渡り鳥と似たような生活をおくっています．有明海の荒尾干潟には春と秋のかぎられた時期に渡り鳥がやって来ますが，これと同じようなことがユビナガコウモリでも確認されています．山都町内大臣(ないだいじん)のトンネルでは春と秋だけに少数のユビナガコウモリがみつかるのですが，これも移動途中の個体が一時的に利用しているのでしょう．

　さて，2013年に県内2ヶ所で相次いで出産保育集団がみつかりました．一つは宇城市三角町の防空壕「新地の穴」，もう一つは菊池市重味の用水路トンネルです．とくに重味の個体群は数千頭の保育集団であるとともに，常時水が流れているトンネル内という，これまでに例のない特徴をもったものでした．トンネルの両端は外部とつながっているため，内部に風が吹き，気温の変化もけっこう大きそうなこの場所が，出産保育に本当に適しているのかは謎です．現在，温湿度記録計を設置し，定期的な調査を行っているところです．

坂田拓司

71 森林のコウモリ

　森林をおもな生息域とし，樹洞や樹皮の下，丸まった枯葉の裏側などをねぐらにしているコウモリを森林性コウモリといいます．熊本県には九州山地を中心として広大な森林が広がっています．ヒトの手が入ってない地域はほぼ皆無ですが，天然林に近い状態を保っている地域も残っています．そういう地域には森林性コウモリが生息しています．

　熊本県内で確認されている森林性コウモリはヤマコウモリ，ヒナコウモリ，クロホオヒゲコウモリ，テングコウモリ，コテングコウモリの5種です．

　ヤマコウモリは日本の食虫性コウモリの中で最大の種です．前腕長約61 mm，体重約40 g，翼を広げると40 cmに達します．大木の樹洞をねぐらとします．熊本県では1984年に熊本市内の中学校体育館で保護されたあと情報が得られていませんでしたが，2001年のレッドデータブック補完調査として泉村（現在の八代市泉町）のウエノウチ谷におけ

図101　クロホオヒゲコウモリ．熊本県山都町にて2010年9月30日撮影．

るカスミ網調査で2頭を捕獲しました．以後，本種らしき音声の報告はありますが，確実な生息記録は得られていません．

　ヒナコウモリは前腕長約50 mm，体重約25 g，中型のコウモリです．熊本県では宇城市小川町南海東における1967年の捕獲記録が唯一です．その後はまったく情報が得られていません．本来は森林の樹洞がねぐらと考えられていますが，県外では繁殖場所として海蝕洞や新幹線の高架の隙間が報告されています．

　クロホオヒゲコウモリは日本における最小のコウモリといえるでしょう．前腕長約32 mm，体重約4 g．一円玉4個分の重さでおとなです!!熊本県では2007年に私たちの調査で初確認されました．毎月行っているトンネルでのコウモリ調査で，水抜き穴から引き出した個体の中に，超小型で全身真っ黒なコウモリがいました．居合わせたメンバー全員にとってはじめて対面する種でした．図鑑と見比べながら，ヒメホオヒゲコウモリかクロホオヒゲコウモリかで相当悩みました．その後，九州国際大学の舩越先生による同定で本種と確定しました．現在まで，同じ場所でのべ4頭が確認されています．

　テングコウモリは名前のとおり，鼻が突き出ています．ただ，想像上の天狗が1本の長い鼻なのに対し，テングコウモリは左右に分かれた2本の長い鼻となっています．前腕長約43 mm，体重約14 g．森林内で見つけることはなかなか困難ですが，冬眠に洞窟を利用することがあるので，洞穴性コウモリ調査のさいにみつかることもよくあります．狭い隙間に入り込んでいますが，慣れると一見して本種とわかります．なにせ，他種と比較して「毛むくじゃら」なのです．

　コテングコウモリはテングコウモリの「ヤンチャな弟」という雰囲気です．姿は似ていますが一回り小さく，明るい茶色の派手な色です．前腕長31 mm，体重6 g．最近になって大きめの葉が枯れて丸まった部分でよく休息していることがわかりました．このことから，アカメガシワという樹木の葉を枝ごと枯らし，林内にぶら下げてそこに入る本種を確認するという方法（第73話）が考案されました．これによって，存在の有無を効率的に確かめることができるようになりました．　　坂田拓司

72 トンネルのコウモリ

　コウモリはそのおもなねぐら場所から森林性，洞穴性，家屋性に大別できます．家屋性はほぼアブラコウモリにかぎられます．洞穴性は県内に点在する鍾乳洞や溶岩洞，人工洞や防空壕を調査すると確認できます．しかし，森林性は樹洞や樹皮下，葉の茂みなどで休息しているので，森の中では雲をつかむような状況です．そこで，細くて丈夫な糸で作られた野鳥捕獲用のカスミ網を林内に張る方法で捕獲するのが一般的です．なお，このカスミ網の所持や使用は法律で禁止されており，私たちは許可を得て使用しています．

　カスミ網の調査はたいへん苦労の多い調査です．夕刻，コウモリが利用しそうな林内に仕掛け，交代で一晩中見張りながら夜明け前に回収します．それでも成果が常に得られるなら報われるのですが，ほとんどは空振りです．ところがあるとき，森の中にあるトンネルが，洞穴性にかぎらず一部の森林性コウモリの常設トラップ（罠）であることに気づきました．

　県央の奥山でカスミ網調査を行っていたときのことです．見張りを交代した私は河川沿いの林道を車で走り，バットディテクターでコウモリの音声を捉えようとしていました．トンネルにさし掛かったとき，入口近くを数頭のコウモリが飛んでいることに気づきました．バットディテクターもコウモリ特有の音声を拾っています．そのときは「おや？　こういうところでも見かけることがあるのか」と思ったくらいでした．別の機会にこのトンネルを通過したとき，「もしかしたらここに棲みついているのかも？」と思い，なかまとようすを調べてみました．

　天井や側面はコンクリートで固めてあるのですが，水抜き用とみられる多数の穴があります．ライトで照らしてみると，いくつかの穴の中にコウモリらしき姿が見かけられました．たまたま低い位置の穴にもいたので，車の天井に登りピンセットで取り出すと，絶滅危惧種のノレンコウモリでした．ただ，それ以外のコウモリには手が届きませんでした．その後，釣竿を改造した捕獲器を自作し，高い天井の水抜き穴の奥に潜

むコウモリを捕獲することができるようになりました（図102）.

　現在，最初のトンネルも含め周辺の計5ヶ所で定期的な見回り調査を行い，次のことがわかってきました.

①ノレンコウモリやモモジロコウモリが活動期の一時的ねぐらとして利用する.
②ユビナガコウモリが春と秋に利用する．これは冬眠用洞窟と活動期用洞窟との間を移動する途中の個体の可能性がある.
③テングコウモリが初夏に利用する．ほとんどが雄で，なぜ雌が少ないかは不明.
④コテングコウモリも活動期に利用する場合がある.
⑤生態がほとんどあきらかにされていないクロホオヒゲコウモリが確認された．九州で2地点目，県内では初記録.

　このように，天然林が広がる地域にあるトンネルはコウモリにとって活動期の休息場所であるとともに，私たちにとっては絶好のコウモリ調査地なのです． 坂田拓司

図102　トンネルでのコウモリ捕獲作業．熊本県山都町にて2007年10月2日撮影.

73 おしゃれで小さなコテングコウモリ

　森にぶら下げた枯葉の束をそーっとのぞきこみます．そこに小さなコウモリがちょこんと眠っていました．コテングコウモリです．
　このコウモリは，めったに出会うことのできない森林性のコウモリです．木の洞（うろ）や樹皮の隙間，葉の裏などで偶然みつかることはあったようです．ところが，ある昆虫愛好家が虫を採集するためにアカメガシワという樹木の葉をたばねて森の中にぶらさげたところ，コウモリがよくみつかることに気づきました．
　この情報がコウモリ研究家に伝わり，これをコテングコウモリがよく利用することがわかりました（図103）．このトラップは優れもので，夏から秋にかけて森の中に仕掛けておくと，コテングコウモリが棲（す）んでいればほぼ間違いなく利用します．最近は人工布（厚手のナイロン）を使ったトラップでも利用が確認されています．
　2010年以降，おもにアカメガシワトラップによって県内各地でコテングコウモリが確認されています．あさぎり町白髪岳や山都町内大臣（ないだいじん），

図103　アカメガシワトラップの中で休息するコテングコウモリ．熊本県あさぎり町にて2010年10月10日撮影．

五木村，菊池渓谷などです．

　コテングコウモリは九州南部から北海道まで分布しています．体重は4〜8gと小型です．特徴は鼻の先が左右に分かれて筒状になり，外側に飛び出していることです．「コテング」の由来はここです．もう一つは毛が濃いことです．体だけではなく尾の周辺の膜にも背中側にはギッシリと体毛が生えていて，裏側からも確認できます（図104）．体色は背面が明るい茶色で腹面は白っぽくなっています．多くのコウモリが黒っぽい中，けっこうおしゃれな色です．枯葉の色に似せているのかもしれません．

　おもな生息環境は照葉樹林や落葉広葉樹林などの天然林です．上記の県内の発見場所はすべてそのような環境でした．スギ林や住宅地周辺には棲んでいないようです．

　トラップ内では単独でみつかることが多いのですが，2, 3頭が寄り添って休息している場合もあります．

　11月頃には冬眠に備えて体重が増加します．気温の低下とともに動きが鈍くなり，11月以降にはトラップ内からいなくなります．たぶん，冬は木の洞や樹皮の隙間で冬眠しているのでしょう．　　　　田中英昭

図104　コテングコウモリ．個体識別用の番号入りリングを装着してある．熊本県山郡町にて2011年9月24日撮影．

74 コウモリを調べるのは楽しいよ

「野生動物をいろいろ調べることって楽しいよ！」ということを知人や同僚，生徒に伝えるのは得意ですし，それなりに伝わります．ところが，家族に伝えるとなるとけっこう難しいというか，面倒くさいというか……．これって私だけでしょうか．

ただ，やっぱりわかって欲しいという気持ちから，私の子どもを小さいときから熊野研のキャンプや観察会，調査に連れて行きました．けっこう楽しんで参加していましたが，小学校高学年頃から徐々に疎遠になりました．思春期を迎える時期ですから当然かもしれません．

長男が小学生の頃，夏休みの自由研究のテーマにアブラコウモリの生態を調べるのはどうかなと思いつきました．私が住む熊本市東区は市街地に隣接して江津湖が広がっています．このコウモリは春から秋にかけて，夕方はねぐらのある市街地から昆虫が多く発生する江津湖方面へ食事のために出勤し，明け方は逆方向へ帰宅します．ありふれてはいますが，この生活リズムはいいテーマになると思いました．

もう一つ，自宅近くを流れる健軍川（川といっても降雨時の排水路）が，国道と交差する部分でトンネルになっています．そこがコウモリのねぐらになっているので（図105），ここの調査も組み合わせれば，お

図105 健軍川水路トンネルのアブラコウモリの集団．熊本市にて2009年7月24日撮影．

もしろい研究になると考えました.

　夏休みに入ってすぐ，この構想を内緒にしたままで子どもを誘い出し，アブラコウモリ（図106）を見せました．以前，洞窟のコウモリを観察したこともあったので，抵抗なくトンネルのあちこちを探しはじめました．一段落したところで，研究のテーマをもちかけたところ，「えー？それって面倒くさい．もっとすぐにできるのがいい」とあっさり却下されてしまいました.

　残念でしたが，せっかく健軍川水路トンネルのアブラコウモリを調べはじめたので，私が約1年間，毎月コウモリの数を調べました．気温の変化と同調するように，春から利用個体が増え晩秋にはほぼ姿を消すことがわかりました.

　つまり，このトンネルは夏場の活動期における一時的な休息場所なのです．風が通って気温の変化も大きいうえに，雨の後は濁流が流れるという不安定な場所です．出産や子育て，冬眠には不向きなのでしょう．アブラコウモリにとって安定したすみかは民家の戸袋や屋根裏などです.

　その後，このことを近所に住んでいる同僚に話したところ，「そのテーマ，譲ってもらってもいい？」と言われ，その子どもさんの自由研究のテーマになりました．私も最初の調査のときは同行し，観察のコツを伝授しました．2学期，その小学校の理科室にはしばらくコウモリ研究の発表ポスターが掲示されていたそうです．　　　　　　　　　　坂田拓司

図106　アブラコウモリ．熊本市にて2011年7月22日撮影（安田雅俊）．

75 渡り廊下問答　アブラコウモリ

　梅雨入りのころ，毎年恒例になった渡り廊下の掃除担当の生徒との会話があります．

私：毎日お掃除ご苦労さん．今日は何匹分のガの羽が落ちていた？
生徒：ガ？　これってガの羽ですか．何匹分でしょう？
私：8枚あるから，2匹分かな．この黒いのはうんちだね．ここが濡れているのは？
生徒：おしっこ？
私：そういうことかな．ところで，羽やうんちは毎日落ちている？
生徒：ほぼ毎日です．何でこんなところに落ちているのだろう？
私：羽はあるけど胴体はない．考えてみたら？
生徒：……．アッ！　鳥が虫を食べて，うんちを落とした！
私：惜しい！　鳥のうんちには必ず白い部分（尿素・尿酸の話まではあえてふみこまない）があるよね．このうんちにはそれがない．それに，毎日掃除して夕方まで落ちていないし，朝来たら落ちている，ということは……
生徒：夜行性で，鳥ではない動物ですね．なんだろう……．先生教えて

図107　渡り廊下に落ちているガの羽をみつけた生徒．2013年8月28日撮影．

ください.
　私：いいところまできているぞ. 名探偵コナンになったつもりで推理し
　　　てみよう. 今日はここまで！
　生徒：えー, 教えてくれないんですか！？

　　……翌日, 掃除の時間に通りかかった私を見つけて……

　生徒：あっ, 先生. 昨日の答え, 夜行性で鳥ではない動物ですよね. ネ
　　　ズミですか？
　私：いろいろ考えたんだね. いいぞ！　じつは以前, ここに自動撮影カ
　　　メラを設置してみたことがあってね. ……以下, 略……
　生徒：コウモリなんですか！　夜, この天井に来ているんですね.

　　毎年, 掃除の生徒は交代します. この渡り廊下の落下物はこの時期の
　大切な持ちネタです. 今年はすぐに答えない, という工夫をしました.
　生徒はうまいこと食いついてくれました.　　　　　　　　坂田拓司

図108　渡り廊下に落ちていたガの羽と糞. 2013年8月28日撮影.

76 天守閣に謎のコウモリあらわる

　2004年12月,会員の歌岡さんの声掛けで約20名が集まり,熊本城のムササビの大捜索が行われました(第51話).ムササビの姿や痕跡はみつからず,参加者の気持ちが少々萎えていたとき,天守閣に配置されていた田畑さんから,「こっちに来てください.おもしろいコウモリがいます」と連絡が入り,全員が急行しました.

　天守閣は水銀灯でライトアップされています.その光芒を一身に浴びるように数頭の大型コウモリが飛翔していました.アブラコウモリのヒラヒラとした飛び方ではありません.タカのようなスピード感のある飛翔で天守閣を周回しているのです.そして,ときどき急降下して巧みに旋回しながらガを捕獲し,再び上昇します.周回時は「ピュッ・ピュッ・ピュッ」,捕獲時は「ビュッビュッジュジュジュ」という可聴域の音声を出します.

　私は「これはただ者ではない.大きさと音声からヤマコウモリかオヒキコウモリのいずれかに間違いない」と判断し,継続した調査を実施することにしました.

　課題は,①正体は何なのか,②一時的な出現か通年か,③活動時間帯

図109　天守閣を周回するオヒキコウモリ.熊本城(熊本市)にて2014年3月20日撮影.
提供:熊本県民テレビ.許可を得て掲載.

はいつなのか，④ねぐらはどこにあるのか，などです．

　まずは捕獲．はるか上空を飛翔するので地上付近に誘導して捕獲することを考えました．ガを追いかけることをヒントに，フライフィッシングを試みました．しかし，上空まで飛ばすにはおもりが必要で，ガのような動きにはならずに失敗しました．

　次にコウモリの音声を録音して，その音を流してみましたがうまくいきません．許可を得て，城内や木の洞などを探しましたがみつかりません．専門家を招くしかないと判断し，鹿児島国際大学の舩越公威教授に来ていただきました．

　2014年3月，テレビ局の取材を受けながら，舩越教授とともに城内で調査を行いました．教授が持参した録音機と解析装置による音声の分析，さらにテレビ局が撮影したコウモリの映像の確認によりオヒキコウモリと判定することができました．やっと，胸のつかえが取れました．しかし，オヒキコウモリの生態はほとんどわかっていません．現在，私たちは課題②③④を解明するための調査を実施しています．

　オヒキコウモリは全国的にも希少で，熊本県では1981年以来の確認という珍しい種です．大きな耳と飛び出した尾が特徴です．虫を食べるコウモリの中では大型で，体重が最大40g，翼を広げた長さが約35cmです．

　このコウモリが熊本市のシンボルといえる熊本城に桜の開花時期に現れます．花見客は幕の内弁当，コウモリたちはライトに集まる虫で春の喜びを感じているのです．みなさんもライトアップされた中を飛翔する大型コウモリを観察してみませんか．　　　　　　　　　　　坂田拓司

図110　ライトアップされた熊本城．2014年8月7日撮影．

77 コウモリのなく頃に

　私は，熊本野生生物研究会の最年少の会員です．会員になる前から，この本で紹介されているクリハラリスの解剖や，カモシカの自動撮影，トンネルのコウモリ採集，熊本城のコウモリ調査などに参加しました．父がそういう活動が好きなので，よく家族みんなで参加しています．
　熊本城の天守閣のまわりを飛ぶコウモリの観察会はとてもおもしろいものでした．このコウモリはオヒキコウモリという珍しいコウモリです．昼間はお城の石垣のすきまなどにかくれていて夕方に出てきます（図111）．日が沈む頃から，熊野研のメンバーがお城のまわりに散らばってコウモリが出てくるのを待ちます．テレビ局が取材に来たこともありました．調査をしていると，事情を知らない人がときどき立ち止まり，お城の方をじっと見ている私たちを不思議そうに見ていました．
　耳のよい人にはオヒキコウモリの鳴き声が聞こえます．とくに若い女性は高い音まで聞こえる耳をもっているのだそうです．バットディテク

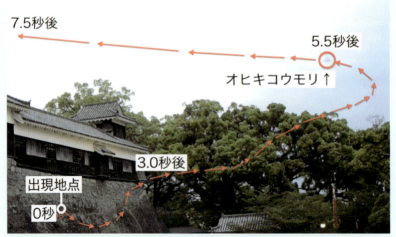

図111　熊本城の石垣から出現したオヒキコウモリの飛行経路．熊本城（熊本市）にて2014年4月18日18時50分撮影（天野守哉）．

ターを持っている人もまだ気づかないうちから，私には「チッチッチッチッ」というコウモリの鳴き声が聞こえます．

あるとき，みんなが見ているのとは逆の方向の壁の方から「チッチッチッチッ」という小さな鳴き声が聞こえてきたので近づいていったら，なきやんだことがありました．そこもねぐらだったのかもしれません．

オヒキコウモリはコウモリの中でも大きな種類です．天守閣のまわりをスイスイと飛んでいる姿は，ヒラヒラと飛ぶ小さなアブラコウモリよりかっこいいと思います．

安田樹生

図112　熊本城でのコウモリ観察会の記念写真．春の花見の時期はいつもより遅い時刻まで天守閣がライトアップされているため，コウモリ観察の絶好のシーズンでもある．各人が手に持っているのはバットディテクター．熊本城（熊本市）にて2013年4月7日撮影（安田雅俊）．

第7章　真無盲腸目(旧モグラ目の一部)
モグラ・ヒミズ・カワネズミ・ジネズミなど

　真無盲腸目は全世界で450種が知られています．真無盲腸目というと難しそうな名前ですが，以前は食虫目(モグラ目)とよばれていました．

　日本には，在来種のトガリネズミ科11種とモグラ科8種に加えて，外来種のトガリネズミ科1種(ジャコウネズミ)とハリネズミ科1種(アムールハリネズミ)の3科21種が分布しています．そのうち，熊本県内では2科5種(トガリネズミ科カワネズミ，ニホンジネズミ，モグラ科ヒミズ，ヒメヒミズ，コウベモグラ)がみられます．

　熊本の真無盲腸目には地下，地上(腐葉土層を含む)，水中にそれぞれ適応した種がいます．地下に適応したコウベモグラ，地上や腐葉土層を利用するヒミズ，ヒメヒミズ，ニホンジネズミ，水中に適応したカワネズミです．カワネズミはおもに小魚，水生昆虫，サワガニなどを捕食します．それ以外の種は地上付近や腐葉土層の中，地下にいる昆虫やミミズといった無脊椎動物をおもに捕食します．　　　　　安田雅俊

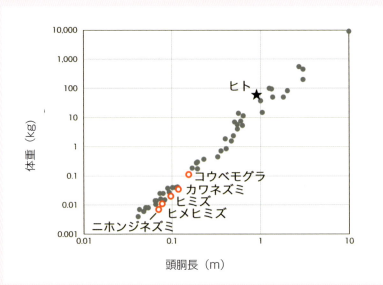

図113　熊本の真無盲腸目5種の体の大きさ．真無盲腸目はすべて小型種である．

図114 約250年前(江戸時代中期)の図譜『毛介綺煥』に描かれた熊本の哺乳類.上: カワネズミ.下:ヒミズ.どちらも産地は不明(永青文庫蔵,許可を得て掲載).『毛介綺煥』については第27話参照.

78 九州にモグラは3種

　モグラを知らない人はいないと思いますが，日本がモグラ大国だということを知っている人は多くないかもしれません．ただし，北海道にはモグラはいないので，モグラ大国は本州以南の話です．なんと，世界のモグラ科41種のうち8種（約20％）が日本に分布しています．そのうち九州本土にはコウベモグラ，ヒミズ（図115），ヒメヒミズの3種が分布しています．

　コウベモグラは，私たちがモグラと聞いて思い浮かべるふつうのモグラです．地下にトンネルを掘り，そこに落ちてくる地中の小動物を食べてくらしています．一方，ヒミズとヒメヒミズは地下に穴を掘りません．落ち葉の下にもぐり，そこにいる小動物を食べてくらしています．熊本県のレッドリストでは，コウベモグラとヒミズは普通種ですが，ヒメヒミズは絶滅危惧IA種です．

図115　ヒミズ．阿蘇高岳（熊本県阿蘇市）にて2010年11月7日捕獲，撮影（天野守哉）．

庭や畑の地表に土を盛り上げて塚をつくるのはコウベモグラです．森林にも棲んでいますが，土壌が柔らかいところでは塚ができることはまれです．

モグラは土壌汚染のよい指標種です．地下の生態系の最上位に位置する肉食動物だからです．土壌の汚染がそれほどでなくても，食物連鎖で濃縮されるため，モグラの体内の汚染物質の濃度はかなり高くなります．東日本での研究によれば，ダイオキシンやPCB，DDT，ディルドリンといった有毒で残留性が高いさまざまな有機塩素系化合物がモグラから検出されており，それを食べる猛禽類ではさらに高い濃度が検出されています．

ヒメヒミズは九州では九重山系，祖母山系，九州山地からしか知られておらず，私たちにとっては「幻のモグラ」です．近縁で生態も似ているヒミズが低標高に分布するのに対して，ヒメヒミズは高標高に分布しています．ヒメヒミズはヒミズと競合していて，より悪い生息環境に追いやられていると考えられています．分布がかぎられ，個体数が少ないため，県のレッドリストでは絶滅危惧IA類（熊本県，大分県）や情報不足（宮崎県）に区分されています．

九州では2001年に八代市の栴檀轟の滝周辺で，北海道大学の阿部 永教授によってヒメヒミズ3頭が捕獲されたのが最後となっていました．私たちが2014年にほぼ同じ場所で調査を行ったところ，幸運にも1頭を捕獲することができました（第81話）．

このように同じモグラ科といっても，その生息環境や生態，希少性は種によって大きく異なります．

安田雅俊

79 モグラの地中生活を電波で追う

　秋から冬になると，庭や畑にモグラ塚がよくみられるようになります．モグラ塚は，モグラが深いトンネルを掘るさいに地上に排出する土です．このことから，研究者は，「寒さを避けて地中深くに移動する餌動物を追いかけるように，モグラが深いトンネルを掘るのだろう」と想像してきました．しかし，モグラが実際に活動する深さを調べる方法はありませんでした．

　地下のモグラの行動を目で観察することは不可能ですが，小型の電波発信器を装着してモグラの行動を追跡すること（テレメトリー法）はできます．この方法では，モグラから距離が離れるほど受信できる電波の強度（受信強度）が弱くなります．

　これにヒントをえて，土屋公幸先生（元 東京農業大学教授）は「あらかじめさまざまな深さに発信器を埋め，深さと受信強度の関係を調べておけば，実際にモグラに装着した電波発信器の受信強度から，逆にモグラの深さを推定できるようになる」というアイデアを出されました．

　そこで，私たちの研究グループは，宮崎県内においてコウベモグラのテレメトリー調査を約2年間行い，「コウベモグラは春から夏にかけては深さ30 cmより浅い部分を利用し，秋から冬にかけては30 cm以上の深い部分を多く利用する」ということを初めてあきらかにしました．一言では簡単な結論ですが，じつにいろいろな経験をしました．

　まず，調査に使うモグラを生け捕りにしなければなりません．地中に罠をかけ，6時間ごとに見回り，捕獲後は研究室に持ち帰り，麻酔をして発信器を装着します（図116）．その後，捕獲地点に放し，モグラが活動を休止するまで約8時間，5分間隔でモグラの位置と受信強度を記録しました．このような調査を1回に連続4日間行いました．

　この調査の難点は，ヒト（私）の生活をモグラの生活サイクルに合わせなければならないことです．モグラが休息に入り活動を停止すると，ヒトも活動を停止します．しかし，真夜中をすぎると，発信器の音を聴きながら，意識を失ってしまいます．しばらくして，モグラが活動を再

開すると「もう少し休んでよ！」と文句を言いながら追いかけました．

　また，モグラを追いながら，「自分の下に本当にモグラがいるのか」という思いがよぎることが何度もありました．そして，ついにやってしまいました．真夜中に，目印として地面にさしていた棒を手で揺すってみたのです．みるみるうちに電波が弱くなりました．モグラが逃げたのです．「本当にいた！」と喜んだのもつかのま，行動を攪乱したことを後悔することになりました．

　さらに，深さの精度を確認するために，モグラから外れた発信器を回収しようと地中のトンネルを掘り返していたときのことです．捜索は困難を極めました．ようやく発信器を見つけ，その深さを測っていたところ，突然，土の壁面からモグラが飛び出してきたのです．私も驚きましたが，いつものトンネルが突然なくなりモグラも驚いたことでしょう．

　これからもアンダーグラウンドな研究者としてモグラの研究を続けていきたいと思います．

樫村　敦

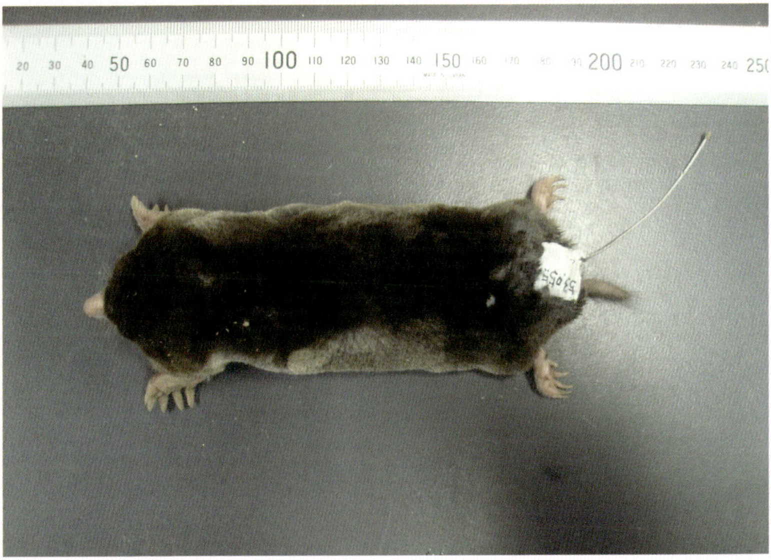

図 116　発信器を装着したコウベモグラ．発信器は瞬間接着剤で尾の根元に接着した．

80　コウベモグラ
　　風車の振動は嫌いだが……

　以前，私の勤務する学校の正門前に市民農園があり，その一角に木製の小型風車が立っていました．生物部の生徒に「あの風車はモグラよけで，市販されているよ」と教えると，「そうなんですか．でも，本当に効果あるのかな？」と不思議そうに言います．こんなやり取りから，モグラ撃退風車の効果や，モグラの生態を調べることにしました．

　ミミズが主食のモグラは農作物などを食べることはありません．トンネルを掘るときに根を傷めたり，地下に空間があることで根が乾燥して作物が枯れたりすることがあるのです．市民農園の人はそのことを嫌い，ホームセンターで購入した風車を立てたのでしょう．

　そこで，コウベモグラの生息地2ヶ所に風車を立て，モグラ塚のようすを調べました．モグラ塚はモグラがトンネルを掘ったり補修したりしたときに，出した土が盛り上がってできたものです．モグラを見ること

図117　コウベモグラ．大分県中津市にて2008年4月22日撮影（森田祐介）．

はめったにありませんが，塚がその存在を示しています．

　調査の結果，周囲に自分以外のモグラがいない所では，風車の回転によって生じる振動を嫌って，その近くでは塚が作られなくなりました．しかし，資源が豊富でモグラの密度が高い所では風車の近くにも塚が作られ，振動の効果はみられませんでした．

　モグラは繁殖期以外は単独で生活します．網の目のようにトンネルを張りめぐらし，この自分のトンネル網を保持することが食料（ミミズなど）を確保することになります．当然，自分のトンネルに他のモグラが入ってこようとすると追い払います．じつはこの縄張りがあることが，モグラ撃退風車の効果と関係があるようなのです．

　広い範囲を動き回らないと餌が確保できないけれど，なかまとのいさかいが少なくて振動のストレスから回避できる場所で生活するのか．それとも餌は豊富だけれど，周りに気を遣ってストレスからも逃げることができない場所で生活するのか．

　モグラにも，私たちヒトの田舎くらしか都会くらしか，と同様のくらしぶりの違いがありそうです．
坂田拓司

図118　モグラよけ風車．熊本県美里町にて2007年10月22日撮影．

81 幻のヒメヒミズを捕まえる

　熊本からは55種の哺乳類が知られていますが、ヒメヒミズは幻と言われる種の一つです(図119)。その理由は、分布がとても限定されていて、個体数が少ないからです。なにしろ、これまで九州では九重山系、祖母山系、九州山地の一部といった、標高の高いかぎられた場所でしか確認されていません。

　最後に九州で確認されたのは2001年で、このときは五家荘(八代市)で3個体が罠で捕獲されました。これらは北海道大学の阿部　永教授が捕獲したもので、北海道大学に標本があります。熊本県内には標本がありません。標本がないということは困ったことです。標本があれば、それにもとづいて生物多様性の調査や学習をしたり、行政を動かしたりすることができるようになります。

　そこで私は、2014年春、ヒメヒミズの捕獲を試みることにしました。それには準備が必要です。まず、ヒメヒミズに関する文献や情報を集めました。どのような色や大きさなのかという基本的なことだけでなく、捕獲するにはどのような環境にどのような餌で罠を仕掛ければよいのかといったノウハウを知るためです。阿部先生に連絡をとり、広い五家荘

図119　九州産のヒメヒミズ。五家荘(熊本県八代市)にて2014年5月10日撮影。

のどこで捕獲されたのかを教えてもらいました．

次に，私はこれまで本物のヒメヒミズをみたことがなかったので，標本を見て，どのような動物であるのかを知る必要がありました．北海道大学に行く機会があったときには，熊本産のヒメヒミズの標本をみせてもらいました．また，小型哺乳類を専門にしている日本大学の岩佐真宏先生の研究室で，近縁なヒメヒミズとヒミズの標本を比較し，種の同定のポイントを学びました．

2014 年 5 月 10 日，五家荘の標高約 1,000 m の渓流で，私は前日仕掛けた 50 個の罠を見回っていました．1 番目から順に罠をチェックしていきます．47 番目まではヒメネズミがいくつか捕れただけでした．罠はあと 3 個を残すのみです．ほとんどあきらめかけていました．48 番目の罠の入口は閉まっていました．これは何か動物が罠に捕まっている証拠です．「またネズミだろう」と思いながら，中をのぞいてみると，黒くて細長い動物の姿が見えました（図 119）．「おっ」と思いながら，もっとよく見ました．思わず「おっしゃー！」とガッツポーズ！ 初めてヒメヒミズを捕まえた瞬間でした．捕獲地点の環境は，こけむした石や倒木が多い谷筋で，水の流れに近い岩陰でした（図 120）．

今，このヒメヒミズは熊本県の松橋収蔵庫にあります．その標本は熊本県の豊かな生物多様性の一つの証拠として今後活用されるでしょう．もしそれをみかけたら，この本を思い出していただければ幸いです．

安田雅俊

図 120　ヒメヒミズの捕獲地点の環境．2014 年 5 月 10 日撮影．

82 ネズミじゃないよ　カワネズミ

　カワネズミは食虫類（真無盲腸目）の一種です．モグラに代表される食虫類の多くは，地表面や地中で活動し，昆虫やミミズなど小動物を食べてくらしています．

　大昔のあるとき，食虫類の中に水中にまで生活の場を広げたグループがいくつかあり，そのうちの一つがカワネズミです．体長は 10 cm ほどで，あまりめだつ動物ではありません．山間の渓流に生息し，昼間も多少は動くものの，基本的には夜行性ですから，姿を見たことがある人は多くないかもしれません．

　ところで，このカワネズミ，なかなかスゴイやつなのです．ふだんの移動はもっぱら水の中で，川から離れることはほとんどありません．

図 121　川の中でヤマメを捕まえたカワネズミ．山梨県都留市（相模川水系）にて 2007 年 12 月 2 日撮影．

川底を蹴って水中を上流に猛然と突進していくというのは日常です．水面をぷかぷか漂って流れてきたかと思うと，いっきに水底へ潜ります．たぶん，底に近いところは，水の流れが表面ほど速くないことをわかっているのでしょう．

　流れにのって水中を泳いで下ったかと思うと，滝の直上にある石の周りをクルっと回って上流へ行き，そうかと思うと，あるときは流れとともにいっきに滝つぼに突っ込みます．

　川を上るのだってへっちゃらです．滝のすべりそうな石をどんどん登っていきます．でも，こんなときは水の中ではなく，脇だったりします．ある程度の高さのダムなら，ものともしません．以前，私が発信器をつけていたカワネズミは，毎日 10 m 近い砂防ダムを上ったり下りたりしていました．

　餌をとるのも水の中です．少し尖った鼻先はモグラと同様に敏感で，石の隙間をあちこち探し，川底にいる小さな虫たちをたくさん食べます．1 mm ほどしかないブユの幼虫を食べることもありますし，ハサミをもつサワガニだって彼らの好物です．自分の体より大きな魚を襲うこともあります．水中で大きな魚をくわえたかと思うと，水面で戦い，数秒のうちに岸に運び上げ，石の下などで隠れて食べます．

　春（ときには秋にも），渓流の大きな石が組み合わさった隙間の奥の濡れない場所に巣をつくったカワネズミは，2〜6 頭の子どもを産みます．1ヶ月ほど巣の中で成長したあと，外に出てきます．秋までにはほとんどおとなと同じくらいまで大きくなります．

　2 年も経つと，若いときには尖っていた彼らの歯はすり減って平らになってきます．そうすると，餌をとりにくくなるため，だんだん体重も減ってきて，長くても 3 年の寿命を終えることになります．　　一柳英隆

83 どこにいる？ カワネズミ

　環境省が2012年に改訂した第4次レッドリストでは，九州地方のカワネズミは絶滅のおそれがある地域個体群に区分されています．熊本県のレッドリストでは準絶滅危惧です．熊本県のカワネズミは，絶滅してしまうのでしょうか．減少の要因は何なのでしょうか．そのことをあきらかにするため，カワネズミがどこにいて，どこではみつからないかということを調べてみました．
　カワネズミの生息を確認するには，糞を見つけることが効率的です．渓流は，流れが速い場所（瀬）と流れが遅い場所（淵）の繰り返しで成り立っています．カワネズミは，淵から瀬にうつる間にある，水面から突き出た水に囲まれた石の上に糞をします．同じ石に1日に何度もやって来ることも多いので，ときには糞が盛り上がり，「ため糞」となることもしばしばあります．渓流の中のどんな場所を探せばよいか把握できれば，カワネズミの糞は簡単に見つけることができます．それに，糞からはカワネズミ独特の臭いがするので間違えずに判定できます．もちろん，生息していても糞がみつからないこともあるので，場所によっては自動撮影カメラや罠による捕獲も併用して調査を行いました．
　その結果は……．球磨川も，緑川も，白川も，菊池川も，熊本県のあちこちの渓流でカワネズミの生息を確認することができました．動物の場合，生態がわからないために生息しているかどうかの判定が難しいことが多くあります．いろいろわかってくると，少ないと思われていた動物がじつは多かったり，逆に多いと思われていた動物が少なかったり，ということがあきらかになってくるのかもしれません．
　ところで，カワネズミは安泰なのでしょうか．生息確認の有無と川の環境と対応させて解析してみると，コンクリートで護岸してしまうことは，かなり強いマイナスの影響があることがわかりました．ある場所の環境が良くても，上流や下流がコンクリートになると，カワネズミはいなくなってしまうようでした．
　護岸の工事は，現在でもあちこちで行われているので，今カワネズミ

が生息していても，いなくなりつつあるところはどんどん増えていると考えられます．気候変動によってゲリラ豪雨と呼ばれるような雨が増えている今，川岸が崩れることが多くあり，崩れた場所はしばしばコンクリートで護岸されます．気候変動により雨量強度や頻度が変わり，そのことが間接的に川のコンクリート護岸を進めるといったように，自然の現象は絡み合っています．カワネズミが絶滅してしまわないよう，絡み合ったそれぞれの要因について対策を講じていきたいものです．

一柳英隆

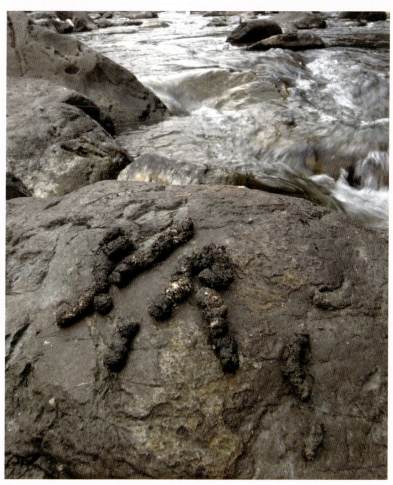

図122　カワネズミの糞．熊本県五木村（球磨川水系）にて2009年8月25日撮影．

84 ネズミじゃないよ　ニホンジネズミ

「先生，トイレにモグラが死んでます！」「いや，あれはネズミだよ！」掃除の時間に生徒が口々に言いながら私の元にやってきました．なぜ意見が食い違っているのか，不思議に思った私はそれを確かめるために生徒たちと一緒にトイレに行ってみました．何と和式便器の中に一匹の動物の死体がありました．傷などはなく，きれいな状態です．水を飲もうとして誤って落ちてしまったのでしょうか．

そっと取り出して観察してみました．体長は 6〜7 cm くらい．尖った鼻先に小さな目はたしかにモグラのよう．しかし，モグラのような大きな前肢はなく長い尾もあり，胴体から尾にかけてはネズミのようです．「ほら，モグラでしょ！」，「違うよ，絶対にネズミだよ！」，生徒たちはまだ議論していましたが，私はこの生きものを見たことがなく，はっきり断言することができませんでした．

図鑑などで調べ，ようやくこの生きものはニホンジネズミ（以下，ジ

図 123　トイレで発見されたニホンジネズミ．この死体はその後，標本となった．目が小さく鼻先がとがっている点が齧歯目のネズミ類と異なる．熊本県山都町にて 2008 年 12 月 19 日撮影（松田あす香）．

194　I．解説編

ネズミ）ということがわかりました．ネズミと名前はついていますが，ネズミのなかま（齧歯目{げっしもく}）ではなく，モグラに近いなかま（真無盲腸目{しんむもうちょうもく}）です．今後のため，この死体はアルコール漬けの標本にしました．

ところで，ジネズミはどのようなところに棲{す}んでいるのでしょうか？生きものの調査は推理小説，いや，謎解きゲームです．ジネズミは大きな河川の石がごろごろしている河原や畑，スギの人工林を切り出した後の開けた場所などで罠{わな}を仕掛けると，ときどき捕まります．森や畑に囲まれた人家の庭でネコがつかまえてくることもあります（第91話）．このような場所は開けて乾燥しているという共通点があります．

今回，ジネズミがみつかったのは山で囲まれた九州のヘソと言われている山都町です．学校のトイレでジネズミがとれるとは驚きですが，やはり開けた環境に生息しているとみてよいのでしょう．

ジネズミにはおもしろい習性があります．ジネズミの親子は，親を先頭にその尾を子がくわえ，次の子がまた尾をくわえといったように，ひとつながりになって移動します．これを「キャラバン行動」と呼びます．迷子にならない工夫でしょうか？　　　　　　　　　　松田あす香・坂本真理子

第 8 章　海生哺乳類
イルカ・ジュゴン

　この章では海の哺乳類をまとめて紹介します．鯨偶蹄目（くじらぐうていもく）のうち陸生の種についてはすでに第1章で紹介しました．この目の残りの種は水生のイルカやクジラのなかまで，鯨偶蹄目330種のうち83種を占めます．海牛目（かいぎゅうもく）についてもここで紹介します．

　イルカやクジラのなかまは，今では一生を水中ですごし，陸上へはまったく上がりませんが，かつては陸上で進化しました．カバは現生の鯨偶蹄目のうちもっともクジラに近縁な動物と言われています．カバとクジラの共通の祖先のうち，陸に残ったものがカバとなり，海へ戻ったものがイルカやクジラに進化したと考えられています．

　熊本県の沿岸でよくみられるイルカ・クジラ類は5種です．身近な種としては，天草周辺でイルカウォッチングの対象となっているミナミハンドウイルカと有明海や八代海でみられるスナメリがあります．ほかに，

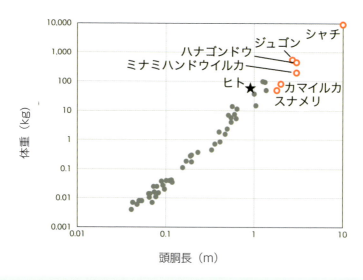

図124　熊本の海生哺乳類の体の大きさ．すべての種は大型種である．

カマイルカ，ハナゴンドウ，シャチもみられます．

　海牛目（ジュゴン目）は全世界で5種が知られています．これらのうち1種はすでに絶滅したステラーカイギュウで，残りの4種は国際自然保護連合（IUCN）のレッドリストにおいて絶滅のおそれのある種（絶滅危惧II類，VU）に区分されています．日本にはジュゴン1種のみが沖縄近海に分布します．　　　　　　　　　　　　　　　　安田雅俊

85 私の大好きなスナメリ

「ブフォ」という音とともに、黒い「サッカーボール」のようなものが5、6個海面に現れました。「あ！ イルカ？」。イルカといえば三角形の背びれが特徴です。ところが、その背びれは見えません。「サッカーボール」は一瞬現れては消え、また現れては消えの繰り返し……。今まで見たこともないものをみているという感動とともに、「この生きものは何だろう」と強く思いました。

2005年初夏、当時高校生だった私は初めてスナメリと出会いました。宇土半島の西にある三角西港にイルカのような生きものがいると聞いて、生物の先生やなかまたちと見学に行ったのです。三角西港は波が穏やかな場所で、鏡のような海面に周囲の景色が映ってみえるほどです。このような場所で見えるのかと半信半疑でしたが、結果は当たりでした。運よく、みごとな大群が私たちの前に現れて、私たちは夢中になってスナメリを目で追いかけました。

スナメリは鯨偶蹄目（くじらぐうていもく）ネズミイルカ科に属します。ふつうのイルカのようにめだった背びれやとがった口吻（口先の部分）はなく、つるんとした頭をしています。「ボウズウオ」と呼ぶ地域もあります。成体の大きさは約1.8 m、体重は約50 kg。クジラ類ではもっとも小さい種です。水族館などの水中でみると体色は明るい灰色をしていますが、海で実物をみると黒っぽい色に見えます。

おもに魚類、甲殻類などを食べます。沿岸に近い、水深50 mほどの浅瀬にくらしており、その生態系の上位の捕食者です。そのため、海の環境の良好さを示す生物（指標生物）とされています。

西日本では瀬戸内海、大村湾、有明海、八代海などにくらしています。ところが、それぞれの海域の間を行き来することはほとんどなく、個体群は孤立しているそうです。

数が少ないため、スナメリは熊本県のレッドリストではもっとも絶滅のおそれのある絶滅危惧IA類に区分されています。長崎県や佐賀県、福岡県でも絶滅危惧種とされています。

私たちが観察した三角ノ瀬戸は，北の有明海と南の八代海を結ぶ海域で，水深は約 30 m，潮流が速いことが特徴です．大型船が通ると，船のエンジン音に驚いたスナメリが船の前に浮上してくる姿を観察することもできます．

　スナメリは季節を問わず観察できますが，2005～2007 年に熊本県立八代高等学校生物部が行った調査によれば，春（3～5 月）の上げ潮時の夕方にもっともよく出現するそうです．でも，必ず現れるという保証はなく，1 日中眺めていても出現しないことがしばしばあります．

　観察していると，1～3 頭で行動していることが多いのですが，餌をとるときには 5～8 頭か，それ以上の群れになることもあります．春は有明海の個体群の出産・子育ての時期にあたり，親子の群れもみられます．

　スナメリは陸から間近に観察できる，数少ないクジラの一種です．このクジラは熊本市内から車で約 1 時間も行けば観察できます．海に釣りに行ったり，潮干狩りに行ったりすることはあるでしょう．海には，じつに多くの生きものが棲んでいて，その一員がスナメリなのです．

松本麻里

図 125　海上に浮かび上がったスナメリ．三角ノ瀬戸（熊本県宇城市）にて 2009 年 4 月 5 日撮影（田畑清霧）．

86　海のアイドル☆ミナミハンドウイルカ

「キャー！　かわいい！！」，「すごーい，たくさんいる！」と黄色い歓声が上がり，カメラのシャッター音が聞こえます．アイドルの写真撮影会ではありません．天草のドルフィンウォッチングの光景です．

ドルフィンウォッチング，と聞いて思い浮かぶのは，漁船や小さなチャーター船に10人程度の人が乗り込み，何十，何百頭のイルカの大群を追いかけるというものだと思います．どれくらいの群れが見えるのかはそのときの天候と運，それから船長さんの腕次第です．現れた群れを見ている間はイルカを驚かせないように，すべての船はエンジンを停止し，群れの動き，イルカの動きを見守ります．このとき観察できるのは，移動しているか，休んでいるかあるいは餌をとっている姿です．

熊本県天草下島はドルフィンウォッチングの名所として全国的に知ら

図126　天草沖で楽しめるイルカウォッチングの光景．2014年8月13日撮影（田畑清霧）．

れており，1年中観察することができます．春から初夏にかけてが出産・子育ての時期のため，この時期は子どもも見ることができます．この場所では約200頭の群れを見ることができますが，沿岸にこのような大群が生息しているのはとても珍しいことです．このイルカが，ここで紹介するミナミハンドウイルカです．

　ミナミハンドウイルカは鯨偶蹄目マイルカ科ハンドウイルカ属に属するイルカです．この種は水族館で飼われているハンドウイルカと同種と思われていましたが，研究の結果，2000年に別の種であることがわかりました．そのため，この種はそれまでハンドウイルカと混同されていたので，生態に不明な点が多いといわれています．ミナミハンドウイルカとハンドウイルカの生息域は重なっていますが，天草下島でみられるのはミナミハンドウイルカだけです．

　ミナミハンドウイルカはハンドウイルカより小型で，口吻（口先の部分）が短く，成長に伴い腹部に斑点がでる，という特徴があります．ミナミハンドウイルカは成体になると体長が約3 m，体重は約200 kgほどになります．

　食性は詳しく調べられていませんが，魚類，甲殻類など，そのときどきで食べやすいものを餌としています．寿命はおおよそ40〜50年といわれています．体色はほぼ全身灰色ですが，背中側がやや濃い灰色で，腹部が明るい灰色です．南アフリカからオーストラリア付近の南太平洋，インド洋，東南アジアなどの温暖な海の沿岸に生息し，日本周辺はミナミハンドウイルカの生息の北限です．日本では西南部の沿岸で観察することができます．

　ところで，みなさん，イルカとクジラの違いってなんだと思いますか？じつはこの両者は同じなかまです．おおまかに，小さなものを「イルカ」，大きなものを「クジラ」といいます．意外と大雑把なんですね．

松本麻里・田畑清霧

87 海をこえてきた天然記念物　ジュゴン

　ジュゴンは南太平洋からアフリカ東部の熱帯・亜熱帯の海に生息する哺乳類（海牛目）です．海に棲む他の哺乳類，たとえばクジラ（鯨偶蹄目）やアザラシ（食肉目）よりも，系統的にはゾウ（長鼻目）に近いとされています．

　体長3mほどで，浅い海の海底に生えるアマモなどの海草（ワカメなどの海藻のなかまではなく，種子植物の一種）を大量に食べます．1日に体重の10%近い食物を必要とするそうです．植物中の繊維（セルロース）を盲腸で発酵させて消化します．

　日本では，過去には奄美大島周辺にも生息していましたが，今では沖縄周辺にだけ少数の個体が生き残っています．まれに九州本土周辺の海域でも記録がありますが定着できないようです．おそらく沿岸に海草があまり生えていないためでしょう．

　国の天然記念物に指定されており，環境省のレッドリストでは，もっとも絶滅の可能性が高いランクである絶滅危惧IA類に区分されています．ジュゴンは日本の哺乳類の中でももっとも絶滅のおそれのある種なのです．

　熊本県での記録を紹介しましょう．2002年10月，天草の牛深沖で魚をとるための定置網に若い雄のジュゴンがかかりました．本来の生息域である沖縄から天草までは600kmも離れていますが，なぜそんな長距離をわたってきたのかはわかっていません．

　このジュゴンは，発見されたときにはまだ生きていて，網から救出されて放流されたのですが，残念なことに，数日後，浜辺に打ち上げられた死体が発見されました．当時の新聞記事をみると，漁業者にとっても，研究者にとっても，行政にとっても，衝撃的な事件だったことが読み取れます（図127）．

　回収された死体の行方を調べたところ，現在は環境省生物多様性センター（山梨県富士吉田市）に骨格標本が収蔵されていることがわかりました．機会があれば見てみたいものです．

世界的にみると，漁網にかかったり，密猟されたりすることがジュゴンの大きな死亡要因です．これは，九州の山で，国の特別天然記念物であるカモシカが防鹿ネットにからまったり，くくり罠（わな）にかかったりしている現状と重なります．海でも山でも，ヒトの活動が野生動物を追いつめているのです．

安田雅俊

図 127　牛深沖で発見されたジュゴンの記事．熊本日日新聞 2002 年 10 月 5 日朝刊．許可を得て掲載．

II. 発展編

ようこそ調査・研究の世界へ

　身のまわりの野生生物を調べたい．生物多様性の問題にかかわりたい．でもなにをどうすればよいかわからない…．そんな問いへの答えがここにあります．私たちが実際の調査に使っている道具や方法，ちょっとした秘訣や研究のヒントなどを紹介します．

　外来生物ってなんだろう．どう学べば（教えれば）よいかわからない…．そんな問いへの答えもここにあります．特定外来生物を題材にした高校の部活動や生物の授業での取り組みなどを紹介します．

　これらの内容は，「持続可能な開発のための教育（ESD）」として取り組む価値が十分にあります．でも，いちばん大事なのは，自分たちの地域の問題としてとらえ，時間をかけて，みんなで考えていくことなのです．

第9章　地域の生物多様性をどう調べ，どう守るか

　身のまわりにどのような生物がいるのかを知ることは自然を保護する意識を育て，生物多様性を保全するための第一歩です．

　ある地域に生息する生物の集まりを生物相といい，哺乳類にかぎれば哺乳類相といいます．ある地域にどのような生物（種）がいるのかを調べあげて，その「いる／いない」の一覧ができれば，地域の生物相がわかったことになります．

　生物相の調査（モニタリング）を続けることで，それぞれの種の「いる→絶滅した」や「いない→侵入した」という変化を知ることができるようになります．同じ方法で調査を続けていれば，数年後あるいは数十年後に変化がわかります．変化がわかれば対策をたてることができます．

　未来ではなく，過去と現在を比較するにはどうすればよいでしょうか．日本では明治から昭和にかけて博物学が盛んになった時期があり，その頃の地域の生物相の記録が残っていることがあります．熊本では1920年前後に発行されたいくつかの郡誌に生物相の記録が載っています．また，吉倉　眞（熊本大学名誉教授）がまとめた熊本県の市町村ごとの哺乳相の一覧（吉倉 1984，1988）は1980年代頃の記録として役立ちます．このような資料と比較することで，時間的な変化や他の場所との違いをある程度検討することができます．

　個体数などの数値データがあれば増加や減少もモニタリングできますし，多数の場所で継続的に調査すれば分布の拡大や縮小をとらえることもできます．このような取り組みとして，環境省は市民参加型の「モニタリングサイト1000」という事業を行っています．

　でも，そこまで気負うことはありません．気軽に調べて楽しみ，できればなんらかの印刷物として記録に残すことが大切です．数年後あるいは数十年後の人が，きっとあなたの報告を活用してくれるはずです．それはあなたの子や孫かもしれませんし，あなたの教え子かもしれません．

図128 熊本における生物多様性の調査研究.左上:カモシカ調査隊(熊本県山都町にて2006年11月5日撮影,坂田拓司),右上:カモシカの糞塊発見(熊本県山都町にて2006年3月5日撮影,天野守哉),左中:巣箱製作(熊本市にて2005年8月21日撮影,天野守哉),右中:巣箱から顔を出すニホンモモンガ(熊本県山都町にて2009年8月29日撮影,天野守哉),左下:洞穴性コウモリ調査(熊本県御船町風神洞にて2002年6月8日撮影,坂田拓司),右下:阿蘇の野草観察会(熊本県阿蘇市にて2009年8月22日撮影,坂田拓司).

88 自動撮影カメラでパチリ

　この本では，すでに自動撮影カメラを使った多くの研究が紹介されています．自動撮影カメラはほんとうに便利な調査道具です．なにしろ，カメラを仕掛けて回収すれば，その場所にどんな動物がいるのかが，たちどころにわかるのです．夜も昼も，24時間ずっと森の中で動物を待つのはたいへんです．ところが，自動撮影カメラを使えば，そんな調査が手軽にできるのです．

　自動撮影カメラとは赤外線センサーとカメラを組み合わせたもので，市販されています．外国製の安いものは1万円台からありますが，防水性や画質はそれなりのようです．熊本野生生物研究会では日本製のセンサーカメラ・フィールドノート（㈲麻里府商事，山口県岩国市）という機種を使っています．

　実際に，私が以前，水俣市内で自動撮影カメラを使って行った調査を紹介します．

　まずカメラを設置する場所を探します．天然林でもよいのですが，私は近くにある人工林に仕掛けてみました．

　山にヒノキやスギを植樹して，人が下草刈りなどの管理をして，年数が経つと林内に背の低いさまざまな樹種が生えて森らしくなってきます．

表2　自動撮影カメラに写った野生動物

設置場所	設置期間	撮影された動物	備考
水俣市久木野 棚田そばの里山	2009年 4月〜5月	イノシシ タヌキ アナグマ イタチ属 アカネズミ属 コジュケイ	モウソウチクが混じるヒノキ人工林．下層木はアオキが優先．イノシシがタケノコを掘った痕跡あり
水俣市南福寺 水俣高校	2010年12月〜 2011年1月	イノシシ タヌキ テン ヒヨドリ	10〜20年生のカシなどの照葉樹二次林と30年生のツツジの植栽
水俣市長野町 国道268号沿線	2011年 5月〜6月	イノシシ アナグマ テン	40〜50年生のスギ人工林．隣接する甘夏の果樹園に落下果実の食痕あり

そうなると野生動物は居心地が良いのか，そこをねぐらや通り道にします．野生動物がいつも通っているところには，人も歩けるようなりっぱな道ができます．それが獣道(けものみち)です．そこにカメラを設置すると，比較的簡単にさまざまな野生動物の姿を捉えることができます．

次に方法です．獣道のそばにある立ち木に，動物が通る高さにカメラを設置します．ベルトやクリップ付きの雲台(うんだい)があると便利です．立ち木がなければ，三脚を使ってもかまいません．動物をおびき寄せるためにカメラの前に落花生などの餌をまくこともあります．

スイッチを入れれば，あとはカメラの前を動物が横切るたびに，赤外線センサーが動物に反応して自動的に写真を撮ってくれます．

熊本野生生物研究会では，以前はフィルム式の自動撮影カメラを使っていましたが，最近はデジタルカメラにセンサーを搭載したものが開発され，そちらを使うことが多くなりました．フィルム式は防水機能がないのでカメラ全体を薄くて透明なプラスチックフィルムの袋に包んで保護ボックスに組み込みました．デジタル式は防水機能付きカメラなので，そのままボックスに組み込めます．ただ，センサーが反応してからシャッターが切れるまでに時間差のあることがデジタル式の欠点です．最近ではそれもかなり解消されました．

カメラを設置したら，月1回程度の頻度で見回りをして，データを回収したり，電池を交換したり，設置場所を変えたりします．

水俣の3ヶ所の里山（人工林と雑木林）にカメラを設置したところ，表2のような野生動物を撮影することができました．私たちの身近にもさまざまな野生動物が活動していることがわかりました．

長峰 智

89 樹上にカメラをしかけてみたら

　野山を歩いていると，タヌキやアナグマ，イノシシなどの動物に出会うことがたまにあります．一方で，どんなに野山を歩き回っても，なかなか出会うことのできない動物もいます．そのうちの一つが，森の中の木の上でくらしている哺乳類です．

　地上でくらす私たちヒトにとって，"木の上（樹上）"はすぐそこにありながら，視線が向きにくい場所です．木の上でくらす哺乳類のうち，夜行性で小型の種は，とくに人の目につく機会が少ないため，情報を得ることが難しく，詳しい分布状況や生息状況についてわかっていないことが多くあります．

　そこで，樹上で生活する哺乳類を調べるため，自動撮影カメラを用いた調査を行うことにしました．この装置はカメラの前に動物が現れると，センサーがその体温を感知して自動的に写真を撮る仕組みの調査道具です．一般的には，木の根元などの地上近くに設置し，地上で行動する哺乳類の調査に使う道具なのですが（第88話），今回は，この自動撮影カメラを木の上に設置することにしました．

図129　樹上に設置した巣箱とそれに向けた自動撮影カメラ．大分県由布市にて2012年11月10日撮影．

はしごで木に登り，地上から2〜3mほどの高さに巣箱を設置し，その巣箱の入口付近が写るように自動撮影カメラを設置しました（図129）．月に1度，カメラの電池とメモリーカードを交換し，写った動物を確認しました．

　昼間に写った動物はほとんどが鳥類で，多くはシジュウカラ，ヤマガラ，ゴジュウカラなどの小鳥でした．ときにはカケスやカラスなどの大きな鳥も姿を現しました．そして，日が暮れて夜になると写る動物は一変します．ヒメネズミやヤマネ，ニホンモモンガ，ムササビ，テンなど哺乳類ばかりが写るようになります（図130）．

　この調査を行った森は，昼間に何度も足を運んだ場所なのですが，ヤマネやニホンモモンガに出会ったことはありませんでした．彼らは夜間に樹上で行動するため，昼間に地上で行動する私たちにとっては，出会うことがほんとうに難しい動物なのです．

　昼間の森に行けば，小鳥のさえずりを聞くことや，梢(こずえ)を飛び回る野鳥の姿を見ることができます．昼間に行動する私たちヒトにとっては，慣れ親しんだ光景です．しかし，夜になると，樹上はヒメネズミやヤマネが枝を伝って移動し，ムササビやニホンモモンガが空を舞う「別世界」に変わるのです．私たちがふだん何気なく見ている自然も，視点を変えてみるとまったく違った一面が見えてきます．みなさんも試してみませんか．

森田祐介

図130　樹上に設置した巣箱にやってきた2頭のヤマネ．大分県由布市にて2011年10月25日撮影．

第9章　地域の生物多様性をどう調べ，どう守るか

90 交通事故死した動物からわかること

　ある日の朝，2人の女子中学生が交差点付近の路肩で，交通事故死した子猫を新聞紙に包んでいました．どうするのか尋ねると，「これから埋めてお墓を造ってあげる」といって，道路脇のわずかな地面に穴を掘りはじめました．

　動物が交通事故によって死亡することを轢死(れきし)あるいはロードキルと言います．ロードキル個体の中で上位を占めるのがネコです．少し前のデータ（1998年度）ですが，福岡県北九州市近郊の道路（総路線延長 111.5 km）において，1年間に 115 件のロードキルがありました．そのうち種が判明しているのが 73 件で，もっとも多かったのがネコの 41 件でした．そのほかはタヌキ（10件），イタチ属（8件），ハト（4件），イヌ（3件）およびノウサギ，ネズミ，サギ，カモ，トビ，キジ，カラス（各1件）でした．イヌやネコなどのペットだけでなく，多くの野生動物が交通事故にあっていることがわかります．

　一般国道や県道だけでなく農道や林道まで含めると，アマガエルやアカハライモリなどの両生類，シマヘビやヤマカガシなどの爬虫類(はちゅうるい)のロードキルもみつかります．ときには，シロマダラ（熊本県のレッドリストで準絶滅危惧のヘビ）などの希少種や，外来種のアライグマがみつかることもあります．

　対馬のツシマヤマネコ，西表島のイリオモテヤマネコ，沖縄本島のヤンバルクイナ（いずれも環境省レッドリストで，もっとも絶滅のおそれが高いとされる絶滅危惧IA類）などでは，ロードキルが種を保全するうえで大きな問題となっています．

　なぜロードキルが起きるのでしょうか．それは動物が移動するからです．その要因として，①より良い生息環境を求めるため，②繁殖相手をみつけるため，③親から独立した若い個体が分散するため，④捕食者から逃避するため，⑤ヒトの活動との軋轢(あつれき)を避けるためなどが考えられます．

　ロードキル個体から地域の動物相や分布など大まかな生息状況を知ることができます．ロードキル個体を回収し，種を同定するだけでなく個

体を詳細に調べることにより，移動個体の性や齢構成，繁殖状況，人工構造物の影響などが把握できます．

　人工構造物に関しては道路建設が典型的で，道路が生息地を分断するように設置されると，そこでは頻繁にロードキルが発生します．

　ロードキルは生物多様性の保全の立場から良いことではありません．それを少なくするためにいろいろな対策が立てられていますが，発生をゼロにすることは難しいものです．

　ロードキル個体は，動物から私たちへの一つの情報提供であり，ヒトとの軋轢に対する警鐘でもあります．定期的にきちんと回収されたロードキル死体は，ひじょうに有効に利用できる研究資源と言えます．第39話で紹介したイタチのデータもロードキル個体から得られたものです．

荒井秋晴

図131　タヌキのロードキル個体．熊本県菊池市にて2010年11月8日撮影(安田雅俊)．

91 身のまわりの哺乳類を知る

　私は阿蘇南外輪山のふもとにくらしています．阿蘇の自然の中で生活しているわが家のネコはよく狩りをします．

　ある日，菜園の地面の下で何かがモコモコ動いていました．わが家の子ネコはそれをじっと見つめ，やがて意を決したように急にとびかかって前足でおさえました．なんとハタネズミでした．

　阿蘇山の北側の草原にはハタネズミが多く生活していますが，南側の草原では過去に殺鼠剤が撒かれたせいか，いろいろな場所でハタネズミのトラップ調査を試みたものの，1頭も捕えたことがありませんでした．そんな経験があったのでハタネズミを見たときには感激しました．

　子ネコの初めての狩りを「えらい，えらい」と熱心にほめたらうれしかったようです．その後，アカネズミ，ヒメネズミ，ハツカネズミ，ニホンジネズミ，コウベモグラ，ヒミズを捕まえてきました．最近ではノウサギまで狩るようになり，これはおいしかったのかネコ部屋に運び込んで食べていました．

　最近，ペットの放し飼いは地域の生物多様性に影響を与えることが指摘されています．とくに島などの生態系が脆弱な場所や希少種がいるような場所では大きな問題になるので注意が必要です．

図132　飼いネコが獲ってきたニホンジネズミ．熊本県西原村にて2014年10月23日撮影．

自分の眼で確かめたのはムササビ，タヌキ，キツネ，テン，アナグマ，イタチ類です．自宅周辺でライトをハイビームにしてゆっくり運転しながら帰っていたら，これらの動物を目撃できました．
　ある晩，遅く帰ったときにすぐ近くで家の方を見つめている3匹のタヌキを見かけました．家に帰って明かりをつけ，もしやと思いイヌの餌皿にペットフードを入れてから見張っていると，なんとタヌキたちはイヌを遠ざけ，ペットフードをガツガツと食べはじめました．家に明かりがつくと餌にありつけることを学習していた賢いタヌキたちでした．
　自動撮影カメラも使ってみました．写真を撮影できたのはニホンジカとイノシシです．ニホンジカは2011年秋に近くの集落にくらす80歳すぎのご年配の方が「今までシカはこのあたりはおらんかったのに，このあいだ生まれて初めてシカを見たばい」と驚いたようすで話されました．その後，数が増えたようで，2014年にはふつうに鳴き声が聞こえてくるようになりました．イノシシはこれまでもいましたが，被害が深刻になったのはごく最近で，2013年に初めて自宅周辺の水田にイノシシよけのための電気柵が張り巡らされました．
　野生動物の数が増えたのか，はたまた狩猟者が減って大胆になったのかはわかりませんが，彼らが私たちの身のまわりに出てくることが多くなってきているように思います．今後，野生動物の行動圏とヒトの生活圏の重なり具合が増していったとき，ヒトはいったいどのような対応をしていくのでしょうか．

坂本真理子

図133　自動撮影カメラで写ったニホンジカ．かつては分布しなかった阿蘇南外輪山にもニホンジカが出没しはじめた．熊本県西原村にて2013年6月19日．

92 トンネルで出会えるコウモリ

　山中の林道を走っていると古いトンネルを通ることがあります．あまり車が通らない場所だったらトンネルの天井を観察してみましょう．ひょっとしたらコウモリに会えるかもしれません．頭を下にしてぶら下がっていたら，キクガシラコウモリかコキクガシラコウモリでしょう．もし，水抜き穴や隙間に潜り込んでいたり，へばりついたりしていたら，そのほかのいろいろなコウモリの可能性があります（図134左）．もっと詳しく知りたいときには学術捕獲の申請をして許可を受けて調べます．

　山都町にある古いトンネルは本会のメンバーで定期的に調べています．これまでに天井の水抜き穴や隙間からモモジロコウモリ，ノレンコウモリ，クロホオヒゲコウモリ，ユビナガコウモリ，テングコウモリ，コテングコウモリがみつかりました．これらのコウモリには洞穴性と樹洞性のどちらも含まれています．季節によってはトンネルも昼間のねぐらに利用しているようです．

　よくみつかるのはモモジロコウモリです．このコウモリは狭い隙間がとても好きです．2012年の9月に興味深い出来事がありました．いつものように，釣竿（つりざお）を改良して網を付けたコウモリ捕獲器で水抜き穴に入っているコウモリを捕えようしたところ，狭い穴に2頭のコウモリが入っていました．1頭はさっと飛び出しましたが，すぐに戻ってきて網の周りを旋回し，けっして離れようとしません．なんとか2頭とも捕えると，どちらもモモジロコウモリで，旋回していたのは雄，中に残っていたのは雌でした．秋はコウモリの交尾シーズンです．もしかするとこの2頭は繁殖ペアで，雄はパートナーを心配して離れなかったのかもしれません．標識バンドをつけて放しましたが，残念ながらその後はまだ捕まっていません．

　和名のつけ方で風情があるのはノレンコウモリでしょう．尾のまわりにある膜を尾膜といいますが，この尾膜の縁をよく見ると毛が列状に生えています．これが暖簾（のれん）のようにみえるということで名前がつけられたと聞きます．なんと古き良き時代の素敵な名付け方ではありませんか．

テングコウモリはみなさんも想像がつくと思います．顔の鼻の部分が突き出ており，昔話に出てくる天狗を連想させるような特徴的な顔をしています（図134右）．コテングコウモリも同様の顔をしていますが，体がひとまわり小さい種です．

小さいといえばクロホオヒゲコウモリです．珍しいコウモリで，これまでに熊本県での確認例は4件しかなく，すべてこのトンネルでみつかりました．日本に生息するコウモリの中でも最小の部類に入る黒いコウモリです．

最後にユビナガコウモリです．このコウモリは翼が細長いので飛び方に特徴があります．直線的にすごい速さで飛べる反面，小回りが利かないので狭いところは苦手です．高さ2mほどの狭いトンネルでキクガシラコウモリとユビナガコウモリを調べていたときのことです．網を持って待ち構えていると広くて短い翼をもつキクガシラコウモリはうまくターンをしてなかなか捕まりません．しかし，ユビナガコウモリは急にはターンできないので，わりと簡単に捕獲できました．翼の形が違うとこんなにも飛び方が違うのかと実感しました． 坂本真理子

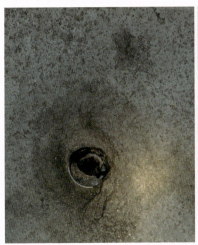 

図134 左：トンネルの水抜き穴で休むコウモリ．熊本県山都町にて2003年8月12日撮影．右：テングコウモリ．熊本県山都町にて2012年6月23日撮影．

93 哺乳類を捕獲するには

　タヌキやニホンジカなどの中大型種は自動撮影カメラを使って写真をとればほぼ種の同定ができます．しかし，それでは判別のつきにくい小型種は罠(わな)で捕獲して調べます．ここでは小型種の捕獲法と，それに伴う条件について紹介します．捕獲個体は同定と計測の後に生きたまま捕獲地点に逃がすのが原則ですが，一部は種を同定するために学術標本にすることがあります．

ネズミ類，ヒミズ類
- シャーマントラップ（生け捕り）：収納時に折りたたむことができる金属製の小型の箱罠です．奥に餌（芋やピーナッツなど）を入れ，動物が入ると入口が閉じます．
- かご罠（生け捕り）：金あみ製で一般に販売されています．
- パンチュー（捕殺）：プラスチック製のバネ板を餌で固定し，動物が餌をかじるとバネが外れて圧迫死させます．

トガリネズミ類
- 墜落缶(ついらくかん)（ピットホールトラップ）：大きめのコップを地面に埋め込む落とし罠です．

コウモリ類
- 洞窟などで休息しているコウモリは手捕りですが，飛んでいるコウモリの捕獲はなかなか困難です．
- カスミ網（生け捕り）：本来は野鳥を捕獲するための道具で，細いナイロン製の糸で作られたはり網です．コウモリが通過する場所に夜間に設置します．
- ハープトラップ（生け捕り）：飛んでいるコウモリが，トラップのハープ（縦糸を張っている部分）にぶつかって，下部にある捕獲袋に落下します．

・アカメガシワトラップ（生け捕り）：広い葉を束ねて枝にぶら下げると，その中にコテングコウモリが入ります．

　さて，野生動物のうち哺乳類と鳥類は「鳥獣の保護及び狩猟の適正化に関する法律」によって，捕獲が厳しく制限されています．熊本野生生物研究会が行う調査は県知事による学術捕獲許可を得たうえで実施しています．また，カスミ網の使用にはそれとは別に環境大臣の許可も必要です．

　みなさんの家にコウモリが棲みついて困っていても，許可なく捕まえることはできません．そういう場合は市町村や県の鳥獣保護担当に連絡を取るようにしましょう．

　ただし，家屋に出没することもあるドブネズミやクマネズミ，ハツカネズミは法律の対象外なので，市販の罠を使用して捕まえることができます．

坂田拓司

図135　さまざまな捕獲用具．左奥：カスミ網，左：パンチュートラップ，中央：シャーマントラップ，右：かご罠．

第9章　地域の生物多様性をどう調べ，どう守るか

94 糞から落とし主を知る

「野生動物をもっと気軽に観察したい」と関心をもちながらも，野生哺乳類となると，バード・ウォッチングのようにはいかないと手をこまねいている人も多いのではないでしょうか．しかし，どんな動物でも，その習性にもとづいてアプローチすれば，ちゃんと出会えるものです．

これまでの経験からみて，野外にその姿はなくとも，野生動物のフィールドサイン（生息の痕跡）は意外と身近にもあるものです．山登りやちょっとした散歩でも，野生動物の足あとや糞，食べあと，巣，角こすり，樹皮はぎ，体毛，ぬた場，堀りあとなどのフィールドサインを目にすることができます．フィールドサインをもとに動物の行動を読みとることは，知的好奇心をかき立てる一種の推理ゲームです．ここでは，糞にスポットを当て，推理の基本を紹介します．

まず，植物食か動物食かで糞は違います．糞の色を決める胆汁の色素が，肉食動物やヒトでは赤褐色のビリルビンで，草食動物では青緑色のビリベルジンです．これらは腸内でいろいろな変化を受けますが，ニホンジカ（以下，シカ）やカモシカなどの新しい糞は肉食動物のものとは違って緑色に淡く輝いて見えます．

次に形ですが，完全な植物食のモモンガ，ムササビ，ノウサギ，シカ，カモシカなどは丸いころころの糞をします．反芻のための胃や，発達した盲腸をもつ種も多く，腸内細菌による消化分解が進んだ状態で排泄されるので，糞の臭いはきつくありません．そのような消化システムをもっていないサルはおもに植物食ですが，糞はころころではないし臭います．一方，動物食の動物のものは，一般に臭いがきつく，粘りがあり，長い形をしています．キツネ，タヌキ，アナグマ，イタチ，テン，カワネズミなどです．糞の中には，食べられた動物の骨や体毛，昆虫の体の一部などがみつかります．

また，糞をする場所にも種ごとに特徴があります．急峻な斜面や岩棚のような地形に糞塊があったとしたら，それはカモシカの可能性が高いでしょう．カモシカは開けた場所でも排泄しますが，安全のためか，岩

壁を背にできる場所を好むようです．腰をややかがめて排泄するので，一度に約200粒以上の糞からなる糞塊ができます．しかも，同じ場所に糞塊が集中するようです．たとえるなら，黒豆をどんぶりいっぱいに入れて落ち葉の上にひっくり返したような感じです．シカの糞はカモシカの糞と色や形が似ていますが，シカの場合，歩きながら排泄する傾向があるため糞はバラバラに散らばります．立ち止まって排泄したとしても1つの糞塊から見いだされる糞の数はカモシカには及びません．

ノウサギやイノシシ，サルも，シカのように，糞をあちこちにします．ノウサギの糞には，硬い糞（硬糞）と盲腸の内容物とされるクリー

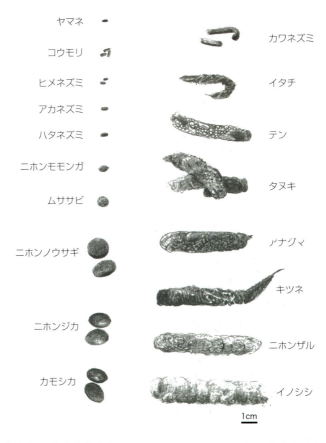

図136　いろいろな哺乳類の糞．

第9章　地域の生物多様性をどう調べ，どう守るか　221

ム状の糞（軟糞）があります．硬糞の方は，直径1cmのつぶれた球状で，林や草原の地面に10〜30粒ほどかたまって排出されているのを見かけます．ノウサギは40種以上もの植物を1日に体重の5〜20％食べるので，糞には植物の繊維がぎっしり詰まっています．軟糞にはビタミン類が多く含まれており，ウサギはこの軟糞を自身の肛門に口をつけて食べます．そのため野外でこれを見つけることはありません．

一方，タヌキは，1頭ないし複数頭が同じ場所に糞をします．古い糞の上に新しい糞を次々としていくので，直径50cmくらいの広さに厚さ15cmほど積み重なることもあります．これを「ため糞」といいます．タヌキのため糞は特徴的なので一度見ればすぐにわかります．アナグマもときどきため糞をしますが，あまりめだちません．

石の上などめだつところに細長い糞があれば，それはテンやイタチのものです．テンの方がやや大きく小指大はあり，果実の種子や皮，樹上性の甲虫，ムササビなどの樹上性哺乳類の骨や毛，鳥類の羽毛等を含みます．イタチの糞は，テンの3分の2ほどの大きさで，その中に果実の種子，ネズミ類，昆虫，カエル，ザリガニなどの骨や殻の断片を含みます．チョウセンイタチではそれらに加えて，市街地で手に入る食物の残骸がみつかります．

キツネも，岩の上や盛り上がった地面，道の分岐点などめだつところに糞をします．石の上などめだつところに排出されるこれらの糞には，マーキングといって，臭いなどによって縄張りの主張や個体の情報を発信するという意味合いがあります．

渓流の石の上に長さ30mmくらいの糞があれば，それはカワネズミのものです．糞は魚や甲殻類の臭いがします．

ここで，おもな動物の糞と検索データ等を示しますと，以下のようになります．

ヤマネ

2mm×4mmのねじれた形．黒っぽく乾燥している．巣穴の外に排泄される．

コウモリ

長さ4〜5mmの両端が丸い円筒形．軒下や洞窟に大量に堆積することがある．体重約6gのアブラコウモリなどでは，カ，シロアリなど，体重約20gのキクガシラコウモリなどでは，大型のガ，甲虫など，夜行性飛翔昆虫のよくかみ砕かれた外骨格の破片を含む．

カワネズミ

黒灰色で水っぽい魚の練り物のよう．魚の鱗やエビの殻などの不消化物を含む．

ヒメネズミ

3mm．糞尿には独特の臭いがある．多くが樹上の食物由来の不消化物．

アカネズミ

3〜4mm．糞尿には独特の臭いがある．円筒形で両端が丸いか，一方の端が尖っている．

ハタネズミ

4mm．巣穴の中から出るときは地上の通り道（ランウェイ）が決まっていて，そこを注意してみると俵形の糞がみつかる．

モモンガ

2〜3mm×5mm．丸みをおびた紡錘形．樹上から排泄される．

ムササビ

5〜7mm．コショウの実のような丸薬状．細かく噛み砕かれ，リス類としては長い消化管で十分消化された残りの植物繊維が詰まっている．樹上から排泄される．

ニホンノウサギ

直径1.3cm×厚さ1.0cmのつぶれた球状．細かく噛み砕かれた植

物繊維が詰まっている．

ニホンジカ
　大きさに幅があるが 1 cm × 1.2 cm が多い．新緑の頃は数十個の粒がくっつきあって一塊になっていることもある．新しい糞は黒みがかった緑色．

カモシカ
　1 cm × 1.2 cm が多く，シイの実形，俵形，砲弾形．新緑の頃は上記のシカ糞と同様な特徴をもつ．好みの糞場には古糞から新糞まで重なっていることもある．新しい糞は黒みがかった緑色．

イタチ
　太さ 5 〜 7 mm，長さ 5 cm．さまざまな内容物を含む．

チョウセンイタチ
　太さ 5 〜 8 mm，長さ 5 cm．さまざまな内容物を含む．

テン
　太さ 10 mm，長さ 5 〜 6 cm．果実糞には季節ごとに利用できる果実の種子や皮等を含む．動物糞には樹上性動物の骨片や毛，鳥類の羽毛，昆虫の外骨格の断片等を含む．図 136 は果実糞．

タヌキ
　太さ 1.8 cm，長さ 5 cm．1 頭あたり 1 日に平均 2.5 個を排泄し，行動圏内に 10 ヶ所ほどの糞場（ため糞）をもつ．動物や植物など摂り易いものを何でも食べる．市街地では，ゴミをあさるため輪ゴムなどの人工物が入っていることもある．

アナグマ
　太さ 1.7 cm，長さ 6 cm．土壌中の小動物や，季節の果実の一部や種子などを含む．

キツネ

太さ2 cm,長さ8〜10 cm.年間を通じてハタネズミなどの骨や毛が,夏は糞虫やその他の甲虫の昆虫片が,その他,小動物や植物片,シカの毛(死肉も食べるので)が見いだされる.人里ではカキ(柿)の種子など.イヌの糞と似るが,まずイヌはネズミを捕食しないので区別はつく.

ニホンザル

太さ1.5〜2 cm,長さ5〜8 cm.植物繊維がびっしり絡んでいる.新糞は緑色で,後に黒くなる.

イノシシ

太さ2〜3 cm,長さ5〜8 cm.ソラマメ状の粒が連なって団塊状.

※シカ,カモシカ,イノシシは,まれに軟便状の糞をすることがあるので,形状やデータはこのかぎりではありません.

糞からイタチとチョウセンイタチを正確に判別するにはDNA鑑定を行います.これは,毛づくろいなどで自身を舐めたときに飲み込んだ体毛や,新しい糞であれば糞の表面には腸の粘膜が付着しているので,それらを採取してサンプルとします.

私たちは野外でみつけた糞の内容物をその場で調べるとき,近くにある木の枝を箸の代わりに使うことがよくあります.糞を分解してみると,植物の種子や動物の骨,毛などが入っているのを肉眼で確かめることができます.自然観察の一つの手法として人気があります.

糞を持ち帰ってさらに詳しく調べることもあります.植物の繊維や動物の体毛,羽毛,昆虫片,さらに小さなものを分別するには,糞を容器内の水中でほぐし,消化管から出た老廃物や粘液を除いて,乾燥保存する必要があります.水中から小さなものを分離するときには1 mmメッシュの「茶こし」が威力を発揮します.糞はさまざまなデータの宝庫です.野外に出かけるときは,密閉容器と茶こしを携帯し,糞調査に挑戦してみてください.

長尾圭祐

95 調査の七つ道具

野外調査には，その目的や対象となる生物の種類に応じてさまざまな道具が使われます．ここでは私たちが調査でよく使うものを紹介します．

地図・方位磁針（コンパス）・高度計
　現在位置を把握し，調査地を記録するために必須の道具です．これらのオールインワンが携帯型 GPS です．

携帯型 GPS
　初めて使ったときは感動しました．手のひらサイズの機器ですが，衛星からの電波をとらえ，液晶画面に地図と自分の位置をリアルタイムで表示してくれます．地点を記録するだけでなく，自分が移動した軌跡も時間と共に記録することができます．これらのデータをパソコンに取り込むことで調査記録の管理が飛躍的に向上しました．

野帳（フィールドノート）
　調査の記録はもちろん，気づいたことや細かい状況まで記録できるのは野帳ならではです．耐水紙モデルを愛用しています．

カメラ
　デジタルカメラが主流です．野外調査では防水性や耐衝撃性を備えたものが活躍します．

双眼鏡
　活躍の場面が広い道具です．遠くの動物だけでなく，頭上の遥か上に茂る葉を双眼鏡で観察することで樹種の判別に役立ちます．

無線機
　携帯電話の通じない山奥でお互いが連絡を取り合うときに便利です．

ヘルメット

　私たちはふだんからヘッドライトを装着していますが，洞窟内のみならず暗い林内での生物観察に役立ちます．ヘルメットの表面にはよく見ると細かい傷がけっこうあって，知らない間に私を守ってくれたようです．

毒吸引器（ポイズンリムーバー）や救急用品

　安全対策として大切です．使わずにすめばよいのですが，活躍する場面もしばしばあります．

スマートフォン

　通話だけでなく，カメラ，GPS，録音など多くの機能を兼ね備えています．これだけで調査機材のかなり多くを代替できるようになりました．しかし，電池がなくなるとたいへんです．

　　　　　　　　　　　　　　　　　　　　　　　　　　　田上弘隆

図137　調査の七つ道具．今ではカメラやGPSなどをスマートフォンの機能で代用できるようになった．しかし，携帯電話が圏外の場所もあるため，無線機があると安心．

第9章　地域の生物多様性をどう調べ，どう守るか　　227

96 スズメバチに刺されたら

　黄と黒の縞模様，ブーンという羽音．思い出すだけで鳥肌が立ちます．私にとってカモシカ調査におけるもっとも強烈な体験は，スズメバチに襲われたことです．

　その調査地は足がすくむような急傾面の岩場でした．調査員同士で声を掛け合い，落石に注意しながら少しずつ進みました．岩場はカモシカの糞がよくみつかる場所です．積もった落葉の下まで探しながら注意ぶかく進んでいると，目の前に巨木が現れました．やっと身体を預けることができる場にたどり着いたと，ホッとしたのを覚えています．

　そのときです．ブーンという羽音が聞こえました．1匹のスズメバチがヘリコプターのように私の周りを回っていました．「刺激しない」「じっと動かない」との話を思い出し，固まったように静止しました．頭に

図138　オオスズメバチ．野外における危険な生物の一種．夏，クヌギの樹液をなめに来ていた．隣のハエと比較すると大きさがわかる．オオスズメバチは，強力な毒と攻撃的な性質から，野外活動を行ううえでもっとも注意すべき生物である．秋にはとくに攻撃的になる．刺されると，激しい痛みや腫れ，頭痛，嘔吐，呼吸不全，アナフィラキシーショックなどを引き起こす．国内で年間20人程度がスズメバチ類に刺されて死亡している．野外で本種が周囲を飛び回る場合には，ゆっくりとその場を立ち去る．絶対に，振り払うなどして刺激してはならない．熊本県宇城市にて2004年7月13日撮影（松井英司）．

はヘルメット，登山服の上にゴアテックスの雨合羽，登山靴に皮の手袋という完全装備の私は比較的落ち着いていました．

しかし，スズメバチはもっと冷静でした．左手首，腕時計の横にわずかな皮膚の露出をみつけると，スーッと近づいてきたのです．「あれ？」と思った次の瞬間には毒針が打ち込まれていました．激痛が走るなか，「ブブブーンッ」羽音の大合唱がはじまりました．顔を上げると，巨木の向こう側からハチの大編隊が来ています．その瞬間，私は悟ったのです．自分はスズメバチの巣の前にいることを．

「ハチだー！」と叫びながら走りました．10 mほど進んだでしょうか．ふいに体が宙に浮きました．私は岩場から滑って，斜面を落下していたのです．

真っ逆さまな崖でなかったのが幸いでした．しばらく滑ったあと，斜面の出っ張りでなんとか止まることができました．スズメバチはいなくなっていました．あちこちに激痛がありましたが骨は折れていないようです．駆けつけたなかまに応急処置をしてもらい，なんとか調査を続けることができました．

という話を，何度もしています．自然観察会のテーマの一つ「野外で出会う危険な生物たち」では，参加者にこの貴重な体験を話します．「手がグローブのように腫れた」，「まるでクマのプーさんだった」と笑いもとりながらリスクマネジメントの重要性を解くのです．みなさんもスズメバチには気をつけましょう．

歌岡宏信

図139　スズメバチの大編隊に襲われた筆者．

第9章　地域の生物多様性をどう調べ，どう守るか

97 マムシに咬まれたら

　カモシカの調査で山へ入ったときのことです．調査地点へ向かう途中，石がゴロゴロしている斜面を横切っていました．バランスを崩して，斜面に右手をついた瞬間，「痛ーッ！」，鋭い痛みが体を突き抜けました．
　見ると手を置いたところにヘビがいます．三角の頭に銭形模様．「まさか……マムシ？」．念のため後ろの人にも確認してもらったら，「マムシだね」と一言．おそるおそる手袋を取ると，右手薬指に2ヶ所の咬傷（こうしょう）がありました．驚きとショックのあまり，声も出ませんでした．
　「マムシに咬（か）まれたー！」．7人の調査隊は騒然となり，調査は即刻中止になりました．私はぼう然として頭も体も動きませんでしたが，代わりに隊の方々が迅速に対応してくれました．ポイズンリムーバー（毒吸引器，第95話）で毒を吸い出してもらい，三角巾を裂いた布で咬まれた指，手首，上腕の3ヶ所を縛り，近くの診療所へ向かいました．強く縛ると

図140　マムシ．野外における危険な生物の一種．一般的なヘビと比べて，太くて短く，ずんぐりした体型をしている．基本的に夜行性だが，冬眠の前後や妊娠中の雌は昼間にも活動する．毒ヘビとして恐れられるが，マムシの方から積極的に人を襲うことはなく，気づかずに踏んだ場合などに咬まれる事例が多い．もしも咬まれたらすみやかに病院へ行き，治療を受ける必要がある．大分県大分市にて2014年6月14日撮影（森田祐介）．

毒がとどまるので，小指が1本入るくらいの強さで縛っておくと良いそうです．診療所では一緒に持って行ったマムシの実物を見せて診断を受け，マムシの抗毒素血清を打ってもらいました．

私たちの体では，毒や異物が入ってくると，それを取り除くために抗体という物質を作ります．しかし，抗体が作られるまでには1週間ほどかかるので，ヘビの毒などでは抗体ができるより先に毒が回ってしまう可能性があります．このようなときに前もって他の生物で作っておいた抗体を含む血清を投与することで体を守るという方法があるのです．これを血清療法といいます．

私は調査を離れ，1週間ほど救急病院に入院しました．手はひじのあたりまでパンパンに腫れてうずくように痛み，傷口は内出血で青黒くなっており，どうなることかと恐ろしく感じました．

腫れも引き，退院したのもつかの間，全身のじんましんや，肝機能低下，白血球数上昇の症状が現れました．血清病と診断されて再び入院しました．最初に打った血清がウマから作られたものだったため，それを私の体が異物とみなし，アレルギー症状が出たのです．他の動物の血清を打ったあとこのような症状が現れる人はときどきいるそうです．今でもウマのアレルギーは続いており，大好きだった馬刺しが食べられなくなってしまいました（涙）．

今でもヘビを見たり，マムシという文字を見かけたりするとドキッとし，当時のことを思い出します．しかし，マムシに咬まれたことは貴重な経験と思い，授業やいろいろな場面で体験を話すようにしています．

松田あす香

図141　マムシの咬傷で腫れた筆者の指．2011年9月17日撮影（坂田拓司）．

98 「レッドデータブックくまもと」の哺乳類

「1日100種以上」，何の数字かわかりますか？ 健康を保つために必要な野菜の種類ではありません．地球全体における生物絶滅のスピードです．

生物に対する人間活動の影響はひじょうに大きいものがありますが，私たちはそのことをほとんど気にせずふだんの生活を送っています．しかし，現在の生物絶滅のスピードは，恐竜が絶滅した中生代末よりも速いとする説もあるほどです．生物多様性が急激に低下しているのです．地球全体をみても，私たちが生活する熊本県においても同様です．このような現状を正確に把握し，その情報にもとづいて有効な対策を実施しなくてはなりません．

熊本県は1991年に「熊本県希少野生動植物の保護に関する条例」を定め，「熊本県希少野生動植物検討委員会」を発足させました．これは国内における先駆的な取り組みです．そして1996年まで全県下の希少野生動植物の調査を行い，1998年に初版となるレッドデータブックを発行しました．レッドデータブックとは絶滅のおそれのある種のリスト（レッドリスト）に種の現状等の解説を加えたものです．その後も対象とする分類群を増やしながらモニタリング調査を継続し，約5年間隔でレッドデータブックとレッドリストを交互に改訂，公表しています．最新は2014年発行のレッドリストです．県内で大規模な開発行為を行ったりする場合は，これらに記載された生物とその環境を十分配慮することになっています．

レッドリスト2014において哺乳類は，絶滅3種，絶滅危惧IA類3種，絶滅危惧IB類2種，絶滅危惧II類4種，準絶滅危惧6種，情報不足2種，要注目種4種の計24種が選定されました．熊本県内からは43種（外来生物，ニホンリス，ジュゴンを除く）の野生哺乳類が記録されているので，半数以上の種が該当していることなります．

絶滅した3種はオオカミとカワウソ，そして今回新たに追加されたツキノワグマです．これらには共通した特徴があります．いずれも食物連

鎖の頂点またはそれに準じる位置にいる動物です．オオカミとツキノワグマは森林，カワウソは河川におけるもっとも高次の消費者でした．これら3種はヒトによって絶滅に追い込まれました．

　もちろん，レッドリスト2014のすべての選定種が同じ理由で減少したのではありません．しかし，その原因を探ると，森林伐採，河川の開発，環境汚染，狩猟，外来種の持ち込みなど，ほぼすべてがヒトの活動です．

　レッドリスト2014では総計1,591種の生物が選定されました．これはレッドデータブック2009に比べて85種の増加です．「環境」や「生物多様性」がキーワードの時代，この数字が多いのか少ないのか，どう思われますか？
〔坂田拓司〕

図142　熊本県のレッドデータブックとレッドリスト．

99 生物多様性くまもと戦略と熊本野生生物研究会

　金子みすゞの詩,「わたしと小鳥とすずと」中の"みんなちがってみんないい"というフレーズは,考え方や価値観はさまざまでそれはあたりまえ,ということをすなおに表現しています.現在の人間社会において互いの多様性を認めることは,さまざまな人々が平和に共生することの基本となるとても大切な考え方です.そして現在,自然界や地球環境を考えるときも多様性(生物多様性)がキーワードになっています.

　私たちのくらす日本,とくに熊本県は季節の変化が際立っています.むし暑い夏と凍える冬,そういう環境の中で多くの動物が棲み,さまざまな植物が育っています.このような多様な生物を未来に残していくために,国は「生物多様性国家戦略」を,県は「生物多様性くまもと戦略」を定めました.県は生物の多様性に関するみずからの方針や具体的な施策を整理するとともに,県民や事業者,NPO等のさまざまな団体ごとの役割を明確にしました.そして,それぞれの連携により生物多様性の保全を推進することを目指しています.

　私たち熊本野生生物研究会には熊本県内外でさまざまな動植物の調査研究にかかわるメンバーが多く在籍しています.彼らは,本会あるいは他の所属団体または個人の活動として,生物多様性戦略の基礎データと

図143　北向谷原始林の調査.調査地へむかうために許可を得て鉄橋をわたった.調査結果は熊本県のレッドデータブックの基礎資料となる.熊本県南阿蘇村にて2014年5月5日撮影(坂本真理子).

なるさまざまな生物の生育生息状況を調査しています．それらの活動の成果は，県へ報告したりレッドデータブックやレッドリストの改訂に反映させたりするだけでなく，熊本県総合博物館ネットワークの中心となる熊本県松橋収蔵庫への学術標本の提供や，学会などでの発表や論文につながっています．

　カモシカ調査を契機に本会が発足したこともあり，とくに哺乳類分野では多くの人材を輩出しています．県の希少野生動植物検討委員会哺乳類班のメンバーはすべて本会の会員です．もちろん，植物や他の分類群のメンバーにも会員がいます．

　さらに，本会の活動には一つの大きな特徴があります．規約の中には「環境教育の発展と生物多様性の保全に寄与する」という文言があり，学校教育や社会教育の分野にも活動の場を広げています．観察会を開いたり，自然環境学習会の講師を務めたり，学校教育の教材を提供したりしています．このような活動も生物多様性の保全につながっています．

　私は毎年4月の授業開きで，「私のライフワークは県内の野生哺乳類の住民登録だ」と自己紹介します．生徒たちはキョトンとし，一風変わったことをやっている教師，という印象をもつようです．しかし1学期が終わるころには，生徒から「週末はまたモモンガですか？」という質問を受けるようになります．このように，生物多様性の伝え方も多様であってよいと思います．

坂田拓司

図144　雪のなかでの野外調査．樹上性哺乳類の調査のため，月1回，巣箱とカメラの見回りを行った．熊本県五木村にて2012年2月18日撮影（長峰智）．

100 ひと昔前の熊本の哺乳類

　1968（昭和43）年，私は東京の杉並区立の小学校に通っていました．熊本市に引っ越してくる前のことです．その頃の私は，オタマジャクシやザリガニは電車に乗って採りに行くもの，カブトムシやスズムシ，キリギリスは駅の露天で買うものと信じていました．でも，セミはまだ近所にいて，夏休みになるとまず虫取り網と虫かごを持って虫取りに出かけたものでした．アブラゼミ，ニイニイゼミ，ツクツクボウシ，ミンミンゼミ，ヒグラシの5種類のセミが採れましたが，親から「故郷の熊本にはクマゼミがいる．大きくて低いところでワシワシと鳴き，手で採れるのだ」と，そんなことを聞かされただけで，熊本の生きものに夢が膨らみました．

　東京から熊本へ引っ越しの日，私たちが乗った飛行機は，現在の日本赤十字病院のあたりにあった健軍飛行場に降り立ちました．ここからわが家にかけてビルなどはなく，民家の間から畑などの緑地が見渡せました．都会からすると，この「何もない」ことが「いろいろいることなのだ」と気づかされたのは，その夏でした．

　同級生から「鳥の巣の中に哺乳類が入っとっとぞ．見に行くや？」ともちかけられ，疑問も解けぬままついて行き，カヤの生える健軍川の川岸を探索していると，それはありました．

　カヤを編んだ球形の巣の中には毛も生えていない本当に小さな赤ちゃんが2匹いました．「まさに哺乳類だ！　ネズミ？　でも，なぜ鳥の巣に産むのだろう？」

　これがカヤネズミ（第57話）との衝撃的な出会いです．ごく身近なところにある，小さな哺乳類の偉大な野生の営みに感動しました．

　当時の私の家の周辺には多くの自然が残っていました．健軍川が江津湖に注ぎ，鬱蒼とした参道が健軍神社につながっていました．庭にもいろいろな哺乳類が来ました．冬，テンが現れたのには驚きました．昼間，庭に出てきたモグラも捕えました．土がつかないビロードのような体毛，穴を掘るために特化した前足．実物を見てあらためて驚きました．

当時は，自衛隊の駐屯地周辺に広がる農耕地と健軍神社を囲む林，土手，草地や河原を伴った健軍川と水辺一面に草地が広がる江津湖，これらが混在しながら広がり，さらに山地や河口までもつながっていました．健軍飛行場にはキツネがいて，巣穴もありました．これらの姿は都市開発とともに失われました．

動物たちの多くは，自然が残っているところに今も生き残っています．食物やすみかがあれば，また現れるでしょう．夕方になるとわが家の屋根からアブラコウモリが続々と飛び出していきます．工夫次第で庭も「緑の回廊」の一部となる可能性をもっています．都市計画においてもこれらの事実は重要です．豊かな生物多様性のある私たちの熊本を再生するために． 　　　　　　　　　　　　　　　　　　　　　　　　　　　長尾圭祐

図145　現在の健軍川．河川改修で，かつてのカヤネズミの生息地は消失した．

101 狩猟　自然を守る一つの方法

「山ガール」という言葉をご存知ですか？　山でアウトドアを楽しむ女性のことです．自然観察と深い関係がありますね．最近は「狩りガール」という言葉もあるそうです．女性のハンター（狩猟者）のことです．

九州では昔，猟師（男）は山で獲物がたくさん獲れるようにと山の神を祭っていました．この山の神は女の神様なのだそうです．西洋ではギリシャ神話のアルテミスという女神が狩りの神とされています．洋の東西を問わず，狩りと女性は関係が深いようです．

狩猟は，生息地の破壊や汚染，外来種などとともに，野生動物の絶滅をもたらす要因の一つです．かつて日本全国に分布していたカワウソや九州山地にくらしていたツキノワグマは過剰な狩猟のために絶滅してしまいました．「過剰な」とは「増えるより多く」獲ったということです．それが何年も続いて生息数が減り，最後には絶滅したのです．

では「増えるより少なく」獲るとどうなるでしょう．その答えは山に行くとわかります．都会の喧噪を離れて，新緑が美しい脊梁（せきりょう）の山々に登るのは気持ちのよいものです．でもよく観察すると，だいたい肩の高さから下に緑がほとんどないことに気づきます．それは野生のニホンジカ（以下，シカ）が増えて，口が届く高さまでの木の葉や枝，ササなどを食べつくしてしまったからです．落ち葉も食べられてなくなり，土がむき出しになって乾燥した場所もみられます．このまま次世代の木が生えない状態がつづくと，数十年後には「はげ山」ばかりになるかもしれません．これは生物多様性の危機であるだけでなく，防災上も大きな問題です．

一般に草食動物は十分な餌があれば，肉食動物よりもたくさん増えます．かつては九州にもオオカミが生息していましたが，今は日本全国どこにも，シカのような大型動物の天敵となる肉食動物がいません．最後に日本でオオカミが捕獲されたのは今から100年以上前の1905（明治38）年です．明治から昭和にかけて，シカもまた過剰な狩猟により絶滅寸前にまで追い込まれました．保護のために雌ジカは禁猟とされ，雄ジカも捕獲頭数が制限されました．その保護政策が功を奏しすぎてシカが

増え，1980年代以降，生態系や農林業の被害が大きな問題になってきました．

「増えるより少なく」しか獲らなくなったもう一つの理由は，私たちの生活の変化と深く関係しています．戦後しばらくまで，野生動物は山間部の人々にとって食肉や毛皮，薬をもたらす重要な資源でした．それらを行商人に売れば貴重な現金収入になりました．でも今では食肉はスーパーで，衣類は量販店で，薬は薬局で手軽に安く買える世の中です．また，動物愛護の意識が高い人々は狩猟や毛皮の利用に対して厳しい目を向けてきました．それだけでなく，山間部の過疎化や里山が利用されなくなってきたことも関係があるでしょう．

このようにして崩れてしまった生態系のバランスが自然に回復することはありません．ヒトの手で管理するしかないのです．増えすぎた野生動物を適正な生息密度にまで減らすには，ふたたび「増えるより多く」獲ればよいわけです．そこで，これまで鳥獣を獲りすぎないように保護することをおもな目的としていた狩猟関係の法律に，新たに鳥獣の適正管理を加える改正が進められています．「狩りガール」もその流れの一つといえるでしょう．今，狩猟は自然や私たちの生活を守る方法の一つなのです．

安田雅俊

図146　熊本で開発されたイノシシ用の箱罠「シシトレール」．2頭のイノシシが同時に捕獲された．資料提供：（株）九州自然環境研究所．

102　生物も神さまも自然の一部，そして人間も

　日本各地に残る言い伝えにはいろいろな動物が登場します．神さまが動物に変身したり，動物が人間のようにふるまったりします．たとえば国宝の「鳥獣戯画」ではカエルやウサギなどが生きいきと擬人化されています．たぶん，昔の日本人にとって野生動物は対立するだけのものではなく，人間と共生し，場合によっては融合さえできる存在だったのでしょう．この豊かな日本人の想像力は，今でも，妖怪や宇宙人など，さまざまなキャラクターが変幻自在に登場する，日本のアニメ文化にも引き継がれています．自然環境は文化に影響を与えますが，この日本人の多様で豊かな想像力を支えているのは，高い生物多様性が確保されている日本の自然環境かもしれません．

　ところで，多くの神社には，一対の狛犬（こまいぬ）があります．これが稲荷神社になるとキツネになり，三峯神社になるとオオカミになります．これは神さまのご眷属（けんぞく）（従者）が動物であるという考えにもとづくものです．天神様のウシ，山王社（日吉神社）のサル，さらには水無神社のアジメドジョウなど，いろいろな生物がご眷属とされています．さらに阿蘇神社のナマズのように，神さまそのものがご眷属である動物と同一視されることもあります．このように，日本の神さまと動物は切っても切れない関係にありますが，自然環境との関連から多くの事例では，それぞれの地域にとってなじみの深い生物がご眷属とされる場合が多いようです．

　熊本県大津町の中島地区に興味深い事例があるので紹介します．この地区にある中島日吉神社は，古くは，サンノウサンと称していました．前述の山王社です．この神社のご神体の中でもっとも古いとされているものが，サルの顔をした神さまの像です．このサル顔のご神体は公家風の服装にヒトのような髭（ひげ）を生やしています（図147）．

　このサル顔のご神体は比叡山信仰に起源があります．ただし，そもそもサルがどうして比叡山と結びつくのかはよくわかっていません．少なくとも神像の作られたとされる天正年間（1573〜1592年）には，この地区の人びとにも，サルと神さまを同一視する信仰があったということ

です．動物が擬人化した姿でご神体になるということは，動物とヒト，そして神の三者が融合したことを意味し，とても興味深いことです．

　この地区には，十三日さんと言う宮座（村人だけによる祭祀集団），南九州のヤゴロウドンと思われる，「ヤゴローサン」という力持ちの神さまの社など，かなり古い伝承が残っています．自然環境に関するものとしては，毎朝，阿蘇山の噴煙を観察して，天候予測をする習慣がありました．これは阿蘇山を眺望できる地域だから可能なことですし，阿蘇山もご神体です．また白川に隣接し，用水路が多い稲作地帯のため，水神さまや土の扱いに関する禁忌も多く，白川で丸い石を見つけるとマルイシガミと称し，歳（穀物）の神として特定の祠に納める風習もありました．ようするに，ここでは自然に存在する多くのものが，神さまとして日常生活に関わっていたのです．

　おそらく，昔の日本人は，神さまをはじめとして，人間を含む生物，天候などの自然現象，さらには人間の生活そのもの，これらすべてを自然の一部だと考えていたからなのでしょう．

　近年，生物多様性の保全が多くの地域で課題となっています．日本人の豊かな想像力の源が，この生物多様性にあるとするならば，この多様性が失われることは，文化的損失とも言えます．だから，「神さま」，「生物」，「ヒト」，「自然現象」，これらを人文科学的にみつめなおすことは，その保全にとって，とても重要なことだと言えます．　　　　　　大田黒司

図147　サルの顔をした神さまの像．公家風の服装にヒトのような髭を生やしている．中島日吉神社（熊本県大津町）にて2013年11月3日，氏子総代の許可を得て撮影．

103 九州におけるヒトの増加と生物多様性

　私たちヒトは，狩猟や農耕，居住地の拡大，社会の発展などによって，野生の哺乳類を含む自然生態系や生物多様性に大きな影響を与えてきました．ここでは九州におけるその歴史をたどってみましょう．図148と図149はさまざまな資料にもとづき，西暦2000年を現在として九州の人口変化を描いたグラフです．

　約8100年前の縄文時代早期の人口は九州全体で1,900人と見積もられています．この数は，熊本県内の市町村のうち3番目に人口が少ない水上村の人口（2,313人；2013年現在）よりやや少ない程度です．約7300年前，九州本土と屋久島の間の海底にある鬼界カルデラが大規模な噴火を起こし，その火山灰は遠く関東地方や朝鮮半島にも達しました．九州は厚い火山灰におおわれ，これにより森林は壊滅的な被害を受けました．とくに南九州では長期間にわたり（一説には1000年間），ヒトが住めない環境になったと考えられています．しかし，その影響はグラフではほとんどわかりません．

　約2900年前の縄文時代晩期，人口は九州全体で6,300人にすぎませ

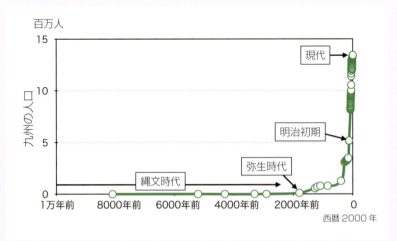

図148　九州における縄文時代以降の人口の推移．さまざまな資料にもとづく．

242　Ⅱ．発展編

んでした．それから約1000年後の弥生時代には約16倍の10万人に増加しました．人口増加のおもな原因は大陸からの人口流入と農耕による食料生産量の増加と考えられます．古来より野生動物はヒトにとって自然の恵み（天然資源）でした．肉や毛皮はそれぞれ食料や衣類として利用され，骨や角は釣り針や矢じりなどの材料に，内臓は薬の原料に利用されてきました．ところが，農耕の開始とともに，集落のまわりの野生動物は農作物に害をなす「敵」に変化し，被害を減らすことを目的として狩られるようになりました．この時代はまだ人口が少なかったため，九州全体でみると，ヒトが生物多様性におよぼす影響は小さかったと考えられます．

九州の人口が100万人を超えたのは江戸時代になる少し前でした．それから約150年後の江戸時代半ばまでに人口は約3倍に急増しました．当時は鎖国のため，海外から大量の食料を輸入することはできません．増加する人口をまかなうためには農地を増やさねばならず，その結果，さらに広い地域において，農作物に被害をもたらす野生動物を駆除しなければならない状況になったのです．こうしてイノシシやニホンジカなどの姿は江戸時代末までに平野部から消えました．狩猟が地域的な絶滅を引き起こしたのです．当時の銃の性能はまだ低いものでしたが，この頃に建立された「千匹塚（せんびきづか）」とよばれる野生動物の供養塔が九州各地に

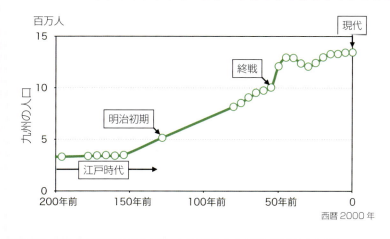

図149 九州における過去200年間の人口の推移．さまざまな資料にもとづく．

第9章 地域の生物多様性をどう調べ，どう守るか

残っていることからも，大量の野生動物が狩られていたことがうかがえます．「増えるより多く獲る」ことを続けると数が減るのは誰もがわかる道理です．

　江戸時代の半ばから終わりまでの約100年間に3回，冷害や大雨による大飢饉が全国を襲い，九州各地でもかなりの餓死者を出しました．しかし，その影響はグラフではほとんどわかりません．大飢饉のときには，天候不順の影響でおそらく野生動物の餌も不足したことでしょう．その直接的な影響に加えて，食料不足でヒトがさかんに狩猟したことも，この時代に多くの野生動物の数が減り，分布がかぎられるようになった原因の一つと考えられます．

　また当時，森林は，落葉を原料とする肥料や木炭などの木質燃料の生産の場として利用されるだけでなく，焼畑に利用されたり，家畜の飼料のために草地に転換されたりしたことで，かなり縮小していました．江戸時代末には，とくに阿蘇から九重を中心とする地域に広大な草地（原野）が広がっていました．そのような環境を好むノウサギやその捕食者であるキツネなどは比較的多かったかもしれません．

　その後，九州の人口は明治の初め頃に500万人を超え，第二次世界大戦の終わり頃に1,000万人を超えました．この時代は野生動物にとって受難の時期でした．明治以後，高性能な銃が一般に広まったこと，軍需品として重要な毛皮の価格が上昇したことなどにより，野生動物は大々的に狩られました．狩猟に関する法律はありましたが，「増えるより多く獲る」状態がさらに続いたため，多くの野生動物で数はさらに減り，分布もさらに小さくなりました．九州から3種の食肉類（オオカミ，カワウソ，ツキノワグマ）が絶滅あるいは絶滅に近い状態に追い込まれたのはこの頃です．

　第二次世界大戦後の1945〜1950年の間に九州全体の人口は約1.2倍（1,200万人）に増加しました．これは終戦直後の兵士や海外居住者の帰国と第一次ベビーブームによる出生数の増加が関係しています．九州に外来種のチョウセンイタチが侵入したのはこの頃です．人口は1950年代に1回目のピーク（1,300万人）に達したあと，九州外への人口移動により1960年代に約100万人減りました．この頃には，ガスや電気を使う生活が一般的になり，木炭などの木質燃料の消費が少なくなった

め，かつて人々の生活と密着していた里山はあまり利用されなくなりました．拡大造林により人工林が広がり，九州の森林全体の半分以上を占めるようになりました．1963年，鳥獣保護法が制定されたことで，狩猟の管理と野生動物の保護が進みました．

　その後，1970年代の第二次ベビーブームで人口は再びゆるやかに増加し，1980年代〜1990年代は1,300〜1,340万人の間でほぼ安定していました．この時期にはすでに野生動物の肉や毛皮の需要はほとんどなくなり，生活のために狩猟することもなくなりました．「増えるより多く獲る」状態が終わったことで，イノシシやニホンジカの数や分布は数十年かけて回復し，それにともなって深刻な農林業被害が起こるようになりました．また，大きく増加したニホンジカとの競合などにより，カモシカが激減しました．さらに，原野や放棄された農地では植生遷移によって森林が育ってきました．そうすると，小さくばらばらになっていた森林どうしがつながり，大きな広がりをもつ森林として機能するようになってきました．このような生息環境の変化により，森林の野生動物（たとえば，樹上性のヤマネや地上性のアナグマなど）の数や分布は次第に回復してきたと考えられます．九州に外来種のアライグマやクリハラリスが持ち込まれたのはこの頃です．

　九州の人口は1998年を2回目のピークとして緩やかに減少し，2014年の時点で1,300万人と推計されています．人口減少はすでにはじまっており，都市への人口の集中と山間部の過疎化・高齢化は今後さらに進むと予測されています．九州において，ヒトと野生動物の関係は，これからどのように変化していくのでしょうか？　どのような関係が理想なのでしょうか？　地域の生物多様性を守るにはどうすればよいのでしょうか？　一人ひとりがそれを考えることが大切です．

安田雅俊・八代田千鶴

第10章 外来生物をどう学び，どう教えるか

　外来生物は，自然の分布域のほかに人間活動によって運ばれた生物のことで，外来種，移入種，帰化種ともよばれます．国外から日本に持ち込まれたものだけではありません．日本国内において，ある生息地から自然分布していなかった別の地域に持ち込まれた場合も外来生物です．

　私たちの身のまわりにはじつに多くの外来生物がいます．公園で四つ葉を探したクローバー（シロツメクサ）や細胞観察に使ったオオカナダモ，水辺で網を片手に探したアメリカザリガニなども外来生物です．その一部は，生態系や農林水産業に影響を与えたり，人の生命や健康を脅かしたりするため，大きな環境問題となっています．一方で，さまざまな野菜や家畜などのように，積極的に人間が利用するために持ち込まれ，社会の発展に大きく貢献したり，文化に浸透している外来生物もたくさんいるのです．

　第9章の冒頭で「身のまわりにどのような生物がいるのかを知ることは自然を保護する意識を育て，生物多様性を保全するための第一歩です」と述べましたが，その「生物」には外来生物も含まれます．

　熊本では，外来哺乳類10種のうち，クリハラリス，アライグマ，チョウセンイタチ，アナウサギの4種について調査研究に取り組んでいます．とくに宇土半島のクリハラリスでは，その発見から対策まで，熊本野生生物研究会の会員がかかわってきました．高校の生物部の顧問と生徒は，部活動の一環として，県内で初めてクリハラリスの定着を確認し，分布や生態を研究しました．また，行政によって駆除された個体を題材に用いて，高校の生物の授業の一環として解剖実習を行っています．

　私たちは，外来生物の問題を教育現場で扱うためのさまざまな試行錯誤を続けています．地元で問題になっている外来生物を授業や部活動で扱うことで，生徒がそれを身近な問題として理解することは大切ですが，私たちは，さらに進んで，生命の倫理や行動の規範，価値観などを身につけることにつながると考えています．この章では，これらの活動を紹介します．

図150 熊本における特定外来生物クリハラリスの調査研究．左上：猟友会による捕獲用のかご罠の設置（熊本県宇城市にて2010年4月15日撮影，安田雅俊），右上：捕獲された雌雄のクリハラリス（熊本県宇城市にて2009年6月18日撮影，安田雅俊），左中：クリハラリスによるホルトノキの環状食痕（熊本県宇城市にて2011年2月2日撮影,安田雅俊），右中：新鮮な食痕（同左），左下：田村典子博士の講演会（熊本市にて2010年1月11日撮影，安田雅俊），右下：解剖による繁殖状況の把握（熊本県菊陽町にて2013年11月16日撮影，坂田拓司）．

第10章 外来生物をどう学び，どう教えるか

104 たくさんの外来生物

「外来生物」と聞いてどんなイメージをもちますか？　たとえば，最近熊本県でも確認されたセアカゴケグモは，咬まれると死の危険もあり，とても恐ろしい気がします．外来生物はすべて危険な生きもの，怖い生きものと思っている人は多いかもしれません．

外来生物とは，人間によって，その生物の自然の分布域外に持ち出され定着した生物のことです．人間への害悪の大きさは関係ありません．

身近な外来生物に目を向けてみましょう．家のまわりなどで生活する「だんごむし」は，採集も，観察も，飼育も簡単で，生きものに興味をもちはじめた子どもたちに，生きもののおもしろさや命の大切さを学ぶ機会を提供してくれます．じつは，この「だんごむし」はオカダンゴムシという，ヨーロッパ原産の外来生物と考えられています．

近年，生態系や人間生活に大きな影響を与えるおそれのある外来生物に対しては，「特定外来生物による生態系等に係る被害の防止に関する法律」，いわゆる「外来生物法」にもとづいて対策がとられるようになりました．上述のセアカゴケグモ，農作物などを食害するクリハラリスやアライグマなどは特定外来生物に指定され，輸入，飼育，販売，移動などが禁止され，駆除が行われています．

しかし，害のあるなしに関わらず，いったん自然に逃げ出し定着した外来生物を完全に根絶するのはとても困難なことです．たとえば，日本列島からオカダンゴムシを根絶しようとしても，実現できるとはとても思えませんよね．

また，私たちが食べるお米（イネ）についてはどうでしょう．日本で栽培されているイネの起源は中国南部で，縄文時代後期の日本列島への稲作の伝来とともに持ち込まれたと考えられています．

人間のよきパートナーといわれるイヌは，オオカミの家畜化によって誕生したといわれています．さらに，近年のミトコンドリア DNA にもとづく研究から，オオカミの中でも亜種チュウゴクオオカミがイヌの祖先である可能性が高いことがわかっています．日本在来といわれる犬種

であっても，日本に生息していた亜種ニホンオオカミから直接誕生したのではないと考えられています．つまり，イネもイヌも，古い時代に人間によって日本列島に持ち込まれた「外来」の生物なのです．

　このように，私たちのまわりにはたくさんの外来生物が生きています．その中には，生態系や人間活動に大きな負の影響を与えるもの，たいした影響は及ぼさないもの，人間の管理下（栽培や飼育）にあって人間の役に立っているものなどさまざまです．

　これからも数多くの外来生物が日本に入ってくる可能性があります．このような状況の中で，最近の外来生物の対策は，その由来や有害性にもとづく対症療法だけでなく，影響の予測にもとづき，問題となりうる外来生物が侵入しないように移動を制限するなどの予防にも力が入れられるようになってきています．

　私たち一人ひとりが自然への興味をもち，自然の仕組みや生物間の相互関係に意識をむけることが，ますます重要になっているのです．

前田哲弥

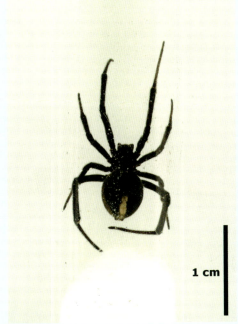

図151　熊本県内でみつかったセアカゴケグモ．オーストラリア原産．体長1cm前後．有毒で，特定外来生物に指定されている．九州では長崎県と大分県を除く各県で確認されている．熊本市にて2013年8月17日捕獲（熊本県松橋収蔵庫蔵．許可を得て撮影，掲載）．

105 外来生物を増やさないために

　私たちヒトは自分の空腹を満たし，快適な生活をおくるためにさまざまな行為を行っています．品種改良したおいしいお米を食べることも，新鮮な魚や馬刺しに舌鼓をうつことも，山から切り出したスギ材で家を建てることも，石油・石炭や原子力で発電することも，すべてその行為です．文明が発展するにしたがって，ヒトの行為は地球環境にまで大きな影響を及ぼすところとなっています．

　これまでに紹介したクリハラリスやアライグマ，チョウセンイタチなどの「外来生物」は，ヒトが快適な生活をおくるために外国から持ち込んだ生物です．かわいい動物とたわむれたい，優れた品質の毛皮を手に入れたい，それらを売ってお金をかせぎたい，というのがその動機です．ところが，管理が不十分で逃げ出したり，飼いきれなくなって野外に放したりして，多くの動植物が外来生物になりました．それらは，日本あるいは熊本県で古来より生活している在来の野生生物の脅威となり，ヒトの生活にも悪影響を与えています．

　つまり，外来生物問題は私たちヒトの活動が原因です．外来生物が拡がるということは，地域の生物多様性や産業に悪影響を与えていることですから，当然ヒトが外来生物を駆除しなくてはなりません．このような考えから，日本を含む世界各国で外来生物に関する法律が制定されました．影響が大きい外来生物は「特定外来生物」に指定され，飼育・栽培・保管・運搬・販売・譲渡・輸入・野外放逐が禁止されました．そして，野外に拡まっている外来生物に対しては防除（駆除）が実施されています．

　では，ここで質問です．環境省のパンフレットには「外来生物予防三原則」が示されています．次の空欄にはどのような言葉が入るでしょうか？　考えてみてください．答えは文末にあります．

①悪影響を及ぼすかもしれない外来生物をむやみに日本に〇〇ない．
②飼っている外来生物を野外に□□ない．
③野外にすでにいる外来生物は他地域に△△ない．

みなさん，ペットは最後まで責任をもって飼ってください．ブラックバスを釣りあげたら，調理して食べてください．オオキンケイギクを見たら引っこ抜いてください．アライグマを見かけたら役場に連絡してください．

坂田拓司

答え
①悪影響を及ぼすかもしれない外来生物をむやみに日本に入れない．
②飼っている外来生物を野外に捨てない．
③野外にすでにいる外来生物は他地域に拡げない．

図152　外来生物法のパンフレット（環境省）．許可を得て掲載．

106 クリハラリスを追いかけた高校生

　熊本に定着した特定外来生物クリハラリス（別名，タイワンリス）の発見と初期対応には地元の高校生が大きな役割を果たしました．熊本西高校生物部の 2008 年から 2010 年までの活動を振り返ります．

事の発端

　「天野さん！　熊本にリスはおると？　見たよ！」．2008 年 3 月，熊本西高校の生物教室にいた私のところに，同僚の森内先生がやってきました．私はすぐに「九州にリスはおらんですよ」と答えました．
　森内先生の話では，宇土半島の三角町波多（図 138）にある自宅周辺を夕方散歩中，付近の木をリスが登っていったということでした．この時とは別に，家族もリスを目撃したということでした．
　しかし，私はこの目撃情報に疑問を感じていました．それは，これまで九州にリス（ニホンリス）は生息していないと言われていたからです．過去に研究者たちが九州の山をくまなく調査していますが，リスの生息は確認されていません．狩猟統計上，九州でリスの毛皮が売買されていた記録が残っていますが，確たる証拠が残っておらず，リスに大きさが

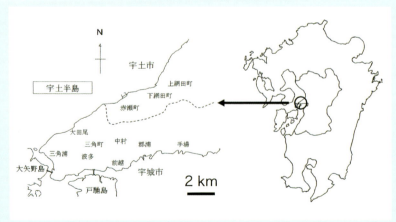

図 153　熊本県宇土半島西部の地図．

近いモモンガの毛皮が「リス」として記録されていた可能性があります．このため，目撃された小動物が本当にリスなのだろうかと思いました．

新年度になって

　2008年4月になりました．当時私が顧問をしていた生物部は，部員が少なく，活動はお世辞にもほめられたものではありませんでした．少ない部員が複数の部を掛け持ちしており，時々生物教室に顔を出すようなありさまで，部存続の危機に毎年直面していました．そんなとき，新1年生3人が入部してきました．吉村君，船本君，そして武元君の3人です．この3人は掛け持ちではありません．私も一緒に何かいい研究をしたいと思っていました．

　さっそく研究のテーマを決めようと話し合いをはじめました．しかし，なかなか決まりませんでした．無理もありません．3人とも高校1年生で，研究発表の経験もないのに，いきなり何をしたいかと言われても思いつくわけがありません．

　そんなとき，森内先生が生物教室に来られました．「またリス見たよ！」．私の気持ちは固まりました．

テーマ決め

　「三角でリスが目撃されとるてったい．九州にリスはおらんとだけん，おったら大発見ばい．研究発表会で優勝するばい」．私は部員に熱く語りました．何といってもこの前の年にモモンガの撮影に成功していましたので（第49話），リスの姿を写真に撮って，大発見につなげようと下心満載でした．「九州では存在がよくわかっていないリスを発見し，しかも生徒と一緒に研究すれば立派な生徒理科研究になる！　県大会で2位以内に入れば九州大会出場だ！」と思いましたが，3人には私の気持ちがよく伝わっていないようすでした．しかし，他にいいテーマもみつからず，けっきょくこのリス生息の真偽を確認すべく調査をはじめることにしました．

リスはどこから来たのか

　調査をはじめてすぐ，三角に観光リス園があることがわかりました．

国道から観光リス園に曲がる道の入り口に，リス園をPRするのぼりが何本かはためいていました．リス園の場所も確認しました．私は嫌な予感がしてきました．「元々三角に生息していたニホンリスが県内で初めてみつかった！」という発見を足掛かりに，リスの研究を進めていきたかったのですが，「観光リス園から逃げ出したリスが目撃された」ということになると，理科研究という視点ではおもしろくなくなってしまうからです．

　発表会最優秀賞を目指そうと散々生徒をあおってきた手前，「こりゃしもた」と思い，生徒に黙って，5月頃一人で観光リス園を訪れました．リス園入口のケージには1頭のシマリスが飼われているのみでした．園の奥にあるかつてリスが飼われていたとみられる広いケージには，リスは1頭もおらず，次のように書かれた古くて小さな看板が落ちていました．「タイワンリス　人に慣れにくい性質」．タイワンリスとは特定外来生物に指定されているクリハラリスの別名です．

中園敏之さん

　中園さんは1985年に熊本野生生物研究会（熊野研）が結成されたときの中心人物です（発足当時は熊本野生動物研究会と言いました）．長く上益城郡矢部町（現在の山都町）で野生のキツネの生態の研究をされていました．キツネ以外にも哺乳類に関して幅広い知識をもっておられます．1990年に熊野研へ入会した私は，それ以降カモシカ特別調査や熊本県のレッドデータブックの調査をとおして，中園さんにいろいろと教えてもらいました．

　今回，哺乳類であるリスの研究を行うにあたって，研究の進め方にアドバイスを得ようと連絡してみました．すると，「もしクリハラリスだったら特定外来生物だから，捕まえたとしても殺さなくてはならないし，シマリスとかにせよ，こういう木の上をちょろちょろ動き回る動物は個体数を調べるのが難しい．研究してもあまりおもしろくないんじゃないか？」とのことでした．小動物の研究がやりにくいことは感じていた私でしたが，逆にこれで闘争心に火がついてしまいました．「必ず，研究をまとめて九州大会出場だ！」．

調査開始

いよいよ本気でリスの生息確認をすることになりました．生徒3人，教師1人の少ないスタッフでしたが，私は燃えていました．部員を連れて宇土半島へ，そして調査です．

宇土半島は県のほぼ中央から西に向かって伸びており，三角町はその西端に位置します．ミカンやブドウの畑が多く，それら果樹園の間に雑木林が広がっており，リスが生息するには最適の環境です．目撃地点周辺で，まずは聞き取り調査です．生物部は三角町の住人に聞き取りを開始しました．内容は次のようなものです．

①リスを見たことがあるか？
②それはいつ頃か？
③それはどこか？
④果実に被害はあったか？

最初は目撃情報のあった三角町の西に位置する波多地区周辺から開始しました．住民を見つけると3人で聞き取りです．「このあたりでリス見かけませんでしたか？」．老若男女，歩いている人に片っ端から聞き取りをしました．あるときは中学生が「学校近くの道の法面を駆け上がっていくのを見た」，あるときは「車道の横に生えている木を登って行くのを見た」，またあるときは「果樹園の防風林を2頭で渡って行った」などの声が得られました．そして，聞き取りを進めていくうち，リスの分布範囲がかなり広がっていることに気づきました．

続く聞き取り

聞き取りを続けていくとさまざまな情報が得られました．「リスは自宅のそばの森で朝から特徴的な声で鳴く」，「庭にあるビワが熟したら，リスが来て1日で実をすべて食べていった」，「リスが庭のモモをくわえていった」などでした．もしリスが定着しているなら，巣がみつかるはずです．リスは木の枝先に巣をかけます．

そこで，並行して痕跡調査も行いました．モモをくわえていったと証言していただいた農家の方の裏にある雑木林に入って見上げると，地

面から10 mくらいの高さにあるシイの梢(こずえ)に，鳥の巣とは異なる直径60 cmくらいのボール状の巣がいくつかみつかりました（図154）．リスのものとみられる巣でした．

　リスは巣をつくるとき，木の枝先を葉が付いたまま歯で噛み切って巣の材料にします．そのため枯枝のみを巣の材料にするカラスのような鳥の巣とは異なります．慣れてくると誰(だれ)にでも見分けがつきます．

　その後の調査でリスのものとわかる巣が何個もみつかりました．とくに船本君は巣を見つけるのがうまく，他の部員が気づかない場所にあるものでも，次々に見つけました．しかしリスそのものの姿は見られませんでした．正体を確かめないとはっきりとしたことは言えません．巣の中にいるリスを見ることはできないかと考えました．

リスの巣を破壊

　生物教室で私は生徒に提案しました．「次に巣を見つけたら，中にリスがいるかどうか確認したい．リスの写真を撮って，生息の動かぬ証拠にしよう」．そのために，私が考えた方法は，ラジコンヘリにカメラを

図154　樹上のクリハラリスの巣．宇城市三角町にて2008年8月2日撮影．

付けて飛ばし，巣に近づいて撮影するというものでした．熊本市内の模型店に赴いて，カメラを付けて飛ばす話をしてみると，一笑に付されました．「ラジコンじゃとても無理，操作は簡単にはいかない．大きな風船に付けて巣の近くまで運んだら？」．

ようし作戦変更です．おもちゃ屋で風船とヘリウムガスを購入しました．現地に持って行って，ヘリウムガスを風船に入れてみましたが，風船自体が重く浮きませんでした．思わず吹きだす3人，とくにふだんはあまり表情を崩さない吉村君が大笑いしたのが印象的でした．

さらに作戦変更です．長さ7mのタモ網の柄で巣を破壊することにしました．リスの巣は概ね10m以上の高さにかけてありました．その中でも7mくらいの低い位置にある巣を破壊してみました．脚立や車の上に乗ったり，木に登って作業したりしました．つつくたびに中のゴミや小さくて赤いダニなどが落ちてきます．真下から行うので服や目に落ちてきます．

巣を3個破壊した結果，巣には木の枝のみから成る簡単な構造のものと，木の枝を組んだ中に細かく裂いた樹皮が入っているものの2種類があることがわかりました．しかし，目撃情報があることと巣が存在すること以上のことはわからず，時間ばかりが過ぎていきました．

夏の生物部合宿

夏休みが近づいてきました．お楽しみの合宿です．一般に生物の合宿は，どちらかと言うとレクレーションの要素が強く，今まで私が顧問をした生物部の合宿も，海辺や山のキャンプ場に行って，部員の懇親を目的に行ってきました．

しかし，今回は違いました．「リスの正体を確認するバイ．だったらここにしよう！」．例のリス園です．そこにはキャンプ場もありました．「このキャンプ場の周辺で本当にリスがいるのかを確認するバイ」．予約も完了し準備です．「先生！ 花火は持って行っていいのですか？」，吉村君が聞いてきます．「部活の研究の一環だから少しだけね」．

今回の合宿へは，部員として登録していたものの，これまで他の部活との掛け持ちでほとんど参加できなかった三年生の女子2人も参加しました．女子生徒が宿泊するので，実習教師で女性の大久保先生にも宿泊

をお願いしました．みんなでリス園へ向かいました．

「あ，これ俺のじいちゃんだ！」．リス園に到着してすぐ，入口にある看板を見て武元君が大きな声を上げました．おじいさんが観光リス園を歓迎する看板に名を連ねていらっしゃったのです．なんという偶然でしょう．

合宿

初日は聞き取りと待ち伏せ調査です．待ち伏せはリスの目撃情報があった，私たちが「緑のトンネル」と名づけた場所で行いました．ここは山の一部を削って道が通してあり，両側から木の枝がおおいかぶさっているため，まさにトンネルのように見えるのです．ここに概ね20 mの間隔を取って，生徒たちとじっと木の上を見つめました（図155）．しばらくして大久保先生が，興奮した顔で木の上を指しています．私が近づくとリスが見えて木の実を齧っているようだったとのこと．このたった1回きりでしたが，がぜんやる気が出てきました．「やっぱりおるとばい」．

リス園に戻ってから，作業されている方にもリスを目撃したことがないか尋ねましたが，はっきりとしたことはわかりませんでした．周辺で

図155　調査風景．「緑のトンネル」でリスを待つ．宇城市三角町にて2008年8月2日撮影．

も聞き取り調査をしました．リス園ができてからリスを見るようになったという人もありましたが，これもはっきりしませんでした．

翌日は早朝に起きて，ミカン畑に移動しました．今日は目撃情報が得られたこの畑でリスの姿を確認する予定です．目撃地点まで歩き，10 m ほどの間隔をあけて座ってじっと待ちました．日が登りはじめ，じりじりと熱くなってきます．そのとき，周辺を探索していた大久保先生が，「たった今，木の幹をリスが登って行きました．ちらっと見えました」と興奮してやってきました．2度も見つけるなんて，ラッキーガールです．その周辺を探索しようと移動していたとき，私たちもリスらしき小動物が路上に現れ，2秒ほどして森に入るのを目撃しました．ほんの一瞬のことでしたので，見たのは私だけでした．一瞬でしたがリスに違いありません．

しかしその後，姿はまったく見られませんでした．夏の炎天下，コンクリートの道にずっと座っているのはたいへんつらかったでしょう（図156）．とうとう船本君は横になってしまいました．リスを見たというだけでは証拠としては弱いものになります．リスの姿を写真やビデオに残すことはできず，リスがどこから来たのかもはっきりせず，重い足どりで帰ることになりました．

図156 調査風景．座ってリスを待つ．宇城市三角町にて2008年8月2日撮影．

あっさり敗退，理科研究発表会1年目

　楽しかった夏休みも終わり，2学期になりました．これからはたいへんです．10月下旬の生徒理科研究発表会に向けて，研究内容をまとめなければならないからです．

　部活の時間に話しました．「タイトルを何としようか？　なるべくシンプルなタイトルがよかバイ」．しばらく部員に考えさせましたが，いいアイデアは出てきません．それもそのはず，リスの姿をはっきり見た部員はいないのです．このような状況で「まとめなさい」と言ってもどう進めればいいのか，思いつくことも難しかったでしょう．「タイトルは『三角のリス～彼らは何者でどこから来たのか～』でいこう」．私は言いました．

　そうして迎えた10月下旬の生徒理科研究発表会．リス生息の確実な証拠がないままでしたが，巣がみつかったことや地元の方々から多数の目撃情報を得たことなどをもとに話を進めました．しかし，推測や可能性ばかりの発表となり，県内の強豪校のしっかりした研究にはとてもかないませんでした．最優秀賞どころか次点にも届かず，あっさり1年目の挑戦が終わりました．

リスを確認

　発表会から幾日もたたない11月7日，三角町の果樹農家の方から私に「リスを車でひいた」という連絡が入りました．いてもたってもおられず，すぐに現地へ向かい，冷蔵してあったリスの死体を観ました．「早朝まだ薄暗い時間に，車で仕事へ行っていたら，このリスが車の前に飛び出した．道を横切ったと思ったら急にUターンして道に戻ったので車でひいてしまった」とのことでした．持ち帰ったリスの死体は，翌日の部活動で体の各部を計測して，写真も撮りました．そして体毛の色や体型，腹部の色が白くないことなどから，図鑑で調べて，クリハラリスと確認しました．九州本土では初めての確認でした（図157）．後に部長となる吉村君は新聞の取材に答え，「本当にリスがいるかわからなかったので，死体を見たときのことが印象深い」と話しています．

　ちょうどこのとき，環境フェスタが熊本城で行われていたので，環境省九州地方環境事務所のブースに写真を持参し，そこにおられた職員の

方に撮影したリスの写真を見せて，クリハラリスを確認した旨を伝えました．「今日は外来生物担当がここにきていないので，来週連絡させます」ということで，「やれやれこれで一安心，あとは行政が動いてくれる」と思って帰りました．

クリハラリス生息に対する反応

クリハラリス確認の件は，熊野研のメーリングリストでもすぐに流しました．ショックを受けたという内容のメールのほか，「宇土半島への封じ込めと供給源を断つことが肝要」という会員からの貴重なご指摘もいただきました．

環境省へ連絡したあと，県の自然保護課へも研究の内容を添付して送りました．しかし，しばらく連絡はありませんでした．

リスの生息を確認して10日ほどたったある日，別の会合で大学時代の恩師である今江先生にお会いしました．今江先生の専門は植物ですが，博識で，環境問題にも精通されています．そこで顛末をお話しし，「クリハラリスという特定外来生物を確認して関係各方面に連絡したが，1週間以上も返事がありません」と伝えました．

翌日，勤務先に今江先生から電話がありました．「今日，環境省の九州地方環境事務所に行って，クリハラリスの件について話をしてきた．

図157 クリハラリスの死体．このサンプルの取得により，調査対象のリスがクリハラリスであることがはじめて確認できた．宇城市三角町にて2008年11月7日取得．

こういう県民からの情報は大事にしなさいと言っておいたから.」ご協力,ありがたいことです. 先生は高齢で歩くのがつらい状況なのですが,県庁での用事をすませたあと,わざわざ九州地方環境事務所まで回ってお話をされたとのことでした. その後,九州地方環境事務所から連絡があり,25日にリスの死体を確認にこられることになりました.

進む調査

「クリハラリスだということがはっきりしたけど,これからどうする?」私は部員に聞きました. 誰からともなく,「せっかくここまでやったんだから続けましょう」ということになり,分布調査を続けました. いったいリスはどの範囲にいるのか,そしてどこから来たのか,まずはそれをはっきりさせようと考えたのです.

クリハラリスは特徴的な鳴き声でなかまを呼んだり,敵に対して警戒したりします. クリハラリス特有の声が聞こえたら生息が確認できます. また,クリハラリスは餌の少ない冬には木の皮をかじって,しみ出てくる樹液をなめます. このとき,木の幹を水平方向に環状にかじります. 1本の木を何回も利用するため,木の皮には,まるで模様のように横縞

図158 ホルトノキの環状食痕. クリハラリスは樹皮をかじって,しみ出てくる樹液をなめる. 新しい痕跡は冬期によくみられる. 宇城市三角町にて2008年12月29日撮影.

が何本も入ります．このかじり方はクリハラリス特有のもので，環状食痕と呼びます．

　あと3日で正月という12月下旬，三角の森で痕跡調査をしていたところ，車道横のホルトノキに特徴的な模様を発見しました（図158）．私たちが初めて確認したクリハラリスの環状食痕です．食痕は古く，少なくとも何年か前に付けられたようでした．

　この後も生物部は，巣の位置，環状食痕の付いた木の位置，鳴き声が聞かれた位置を地図に記録していきました．そして，それらが宇土半島の西側の広範囲に分布していることを確認しました（図159）．

　食痕がついている樹種を調べてみると，ハゼ類が大半を占め，ホルトノキ，シロダモ，タブノキなども被害を受けていました（表3：現在ではホルトノキの被害が多い）．逆に，まったく被害のない樹種もたくさんありました．クリハラリスはかじる樹種に好き嫌いがあるようです．しかし，巣をかける樹種にはとくに好き嫌いの傾向はないようで，シイ・

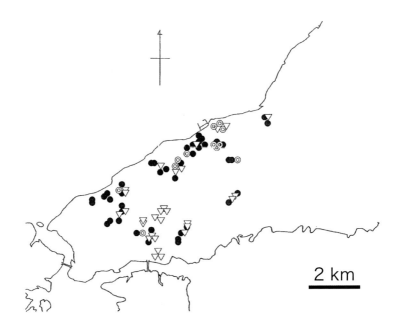

図159　クリハラリスの分布．●：剥皮や食痕，▽：巣，◎：直接観察あるいは鳴き声．調査期間：2008年4月〜2010年3月．

第10章　外来生物をどう学び，どう教えるか　　263

カシ類などの常緑樹ばかりでなく，落葉樹にもかけていました（表4）．

新聞報道でも

2008年12月には熊本日日新聞朝刊の科学欄に「二の舞はごめんだ」のタイトルで，三角町に特定外来生物のクリハラリスが生息している内容の記事が掲載されました．熊本県内に生息するクリハラリスに関しては初めての報道です．その後2009年3月には同新聞朝刊に「クリハラリス，繁殖か」という記事が載り，リス園の責任者のコメントとして「(飼育が自由だった) オープン当初数頭ずつ2度購入した．関連がないとは言いきれないが，適切に管理していたと思う」と述べています．

この3月にはリスの供給源をはっきりさせようということで，部員とリス園に行きました．クリハラリスがリス園から逃げ出した可能性をお聞きしようと思ったからです．職員の方に話をしましたが，すぐに責任者が電話で対応され，責任者をとおして聴きに来てくださいと言うことでした．

帰りに供給源の解明についてどうするかという話になりました．吉村君と船本君は「責任者のところへ，行ってみてもいいと思う」と言いました．しかし，武元君は違いました．「そもそも昔は誰が飼ってもよかったんでしょう．もし，俺たちの活動で困った人が出てくるんだったら，考える必要があると思います」．

静まり返ったみんなを前に，私は言いました．「次の活動日まで考え

表3 剥皮を確認した樹種と頻度
調査期間：2008年4月～2010年3月

樹種	頻度（本数）
ハゼ類	92
シロダモ	18
タブノキ	12
ホルトノキ	8
ヤブツバキ	3
コバンモチ	1
ウバメガシ	1
合計	135

表4 営巣を確認した樹種と頻度
調査期間：2008年4月～2010年3月

樹種	頻度（本数）
シイ類	14
アラカシ	13
コナラ	2
タブノキ	2
ヤマモモ	2
カクレミノ	1
ムクノキ	1
エノキ	1
ハゼノキ	1
不明	3
合計	40

させて……」.

　その日の夜，私は布団の中で考えました．調査と研究，社会問題，生徒の気持ち，などなど．そして，「高校生の理科の部活動とはそもそも何をするところなのか」ということを一番に考えました．

次の活動日

　「決めた．リスの出自に関してはうちの活動では扱わない」．放課後の部活動の時間，3人を前に話しました．「だいたい高校生物部の部活動でこの問題を扱うのは荷が重すぎる．分布をしっかり調べて，駆除の助けになるような研究を続けよう」．方向性が決まりました．まずは，これまでも続けてきた，聞き取りと痕跡調査によりリスの生息範囲を確定させること，それからのことは今後検討することにしました．

　2009年3月中旬には三角にほど近い宇土市赤瀬の森で，シロダモに新鮮な環状食痕を確認しました（図160）．樹液が垂れており，直前にかじられたようです．また，甘夏（かんきつ類の一種）の果実へのリ

図160　シロダモの新鮮な環状食痕．樹皮をかじったところから樹液がしみ出ている．宇土市赤瀬町にて2009年3月15日撮影．

スの食害も確認できました（図161）．ここの果樹農家の方からは，後に「リスはまだ甘くない甘夏の枝をかじって切り落とし，腐りはじめて甘くなってから円くかじって穴をあけて中身を食べる」という証言も得ました．

新入部員を迎えて

　2009年4月になり，1年生が1人入部してきました．秋山君です．先輩にも物おじせずに発言できるいいところをもっています．2年生になった3人も，同学年の3人を誘って入部させました．亀﨑君，藤本君，そして松浦君の3人です．合計7人となって，部長には吉村君が，副部長には周りの人に対していろいろと気を遣った言動がとれる船本君がなり，おもに2年生を中心に調査を続けました．聞き取りから，電話線が切断される被害が相次いでいることもわかってきました．この頃には，木の上を渡る姿も目撃できるようになり，ついに5月にはビデオによる撮影も成功しました．

図161　クリハラリスに食べられた農作物．クリハラリスはかんきつ類の皮に穴をあけて中身を食べる．熊本県宇土半島にて2009年4月7日撮影（安田雅俊）．

坂田拓司さんからのアドバイス

　坂田拓司さんは現在熊野研の副会長をされています．会の大黒柱であり，カモシカ調査や県のレッドデータブックの調査でも活動の中心的な存在です．その坂田さんも宇土半島のクリハラリスについては気にしていました．「自動撮影カメラを使ったら？　使い方を教えてあげるから」．嬉しい申し出でした．

　「ゴールデンウィークに仕掛けに行こう」．三角町の3ヶ所に仕掛けました．いずれも食跡や目撃情報があったところです．餌はバナナと落花生を用い，ネットに入れて木に結びました．数メートル離れた木から餌に向けてカメラを設置しました．翌週，カメラの回収に行って映像を確認しました．すると2ヶ所ではカラスなどが写っているだけで，リスはまったく写っていませんでした．しかし残りの1ヶ所のカメラには撮影された35枚のうち，29枚にリスが写っていました．写真には落花生をくわえてジャンプするようすや，カメラのフラッシュに興奮してしっぽの毛を逆立てるようすなどが写っていました（図162）．たった1回の結果でしたが，カメラに写っていた時間を確認すると，クリハラリスが昼行性であるようすがうかがえました．

図 162　自動撮影カメラで撮影されたクリハラリス．2009年5月5日撮影．

安田雅俊さんからのアドバイス

　安田雅俊さんは森林総合研究所九州支所の主任研究員で，熊本西高校生物部が宇土半島でクリハラリスの生息を確認したのをうけて，リスの駆除方法を探るために学術捕獲を開始されました．以降，生物部の研究の進め方やデータの処理方法について，たくさんのアドバイスをくださいました．2009年8月に生物部が宇土市赤瀬の民宿で合宿を行ったさいには，一緒に宿泊されて，哺乳類やリスの生態についてわかりやすく解説をしてくださいました．また，翌日には，リスの有害駆除が行われているブドウ園に連れていってもらい，捕獲用罠（わな）の作成や，設置の方法も体験できました．

進む調査とリスの解剖

　聞き取り調査などから，クリハラリスは半島西部の広範囲に分布することがあきらかになってきました（図159）．また，2009年10月中旬までに提供された6頭のリスの解剖を実施しました．すべて交通事故死体です．胃の内容物を調べたり，内容物の一部を試薬で染色して，でんぷん質が含まれているかどうかを調べたりしました．秋から冬にかけて得られた個体の胃の内容物はヨウ素液で黒紫色に染まり，この時期はでんぷん質の食物を食べていることがうかがえました．また，睾丸（こうがん）の下垂がみられ，雄の個体が生殖可能であることが確認されました．

2年目の正直

　そうこうしているうちに，また10月になりました．今まで調べてきたデータをまとめて研究発表会の準備です．昨年とは違います．今年は昨年わからなかったことを解明し，データもたくさんそろえました．今年入部した4人も，パソコンでの図の作成や発表者として力を発揮しました．

　そして迎えた2009年10月25日，生徒理科研究発表会生物部門は県内11校が参加して行われました．会場には春に他校へ異動された大久保先生も駆けつけてくださいました．

　全校が発表を終えて待つことしばし，成績発表となりました．審査委員長が上位校を発表されました．「最優秀賞を発表します．はじめに熊

本西高校」．堂々の受賞でした．

　また，県大会のあとは，科学展にもポスター発表し，こちらでも教育センター賞を受賞して中央審査まで進みました．その後，安田さんに教えていただいた GIS ソフトなどを活用してさらに，発表内容を充実させ，九州大会に臨みましたが，さすがに九州から集まった精鋭ぞろいで，最優秀賞とはいきませんでした．しかし，発表前日は遅くまで発表用のスライドを作るなど，たいへんいい経験になったと思います（図 163）．

妊娠個体の確認

　2009 年には有害駆除がはじまっていたので，そのさい得られたリスの死体もいただいて解剖していました．11 月 3 日に拾得された雌を解剖していたとき，お腹の中から小さなブドウ大の楕円形の塊が 3 個みつかりました．私「なにこれ？」，ちょっと置いて吉村部長「子ども？」．中を開くと発生途中の胎児が出てきました．初めて繁殖をはっきりと確認した瞬間でした．

図 163　九州大会に出場した生物部員．宮崎県宮崎市にて 2010 年 2 月 6 日撮影．

行政も動く

　クリハラリスは日本各地で野生化しており農林業に大きな被害がでています．熊本県では，2010年1月以降，日本哺乳類学会と熊野研から早期対策の要望書が出され，熊本西高校生物部のクリハラリス発見から，わずか1年半後の2010年5月，環境省九州地方環境事務所や熊本県，宇城市，宇土市などで構成される「タイワンリス防除等連絡協議会」が立ち上がり，現在にいたっています．

　会議では，捕獲の状況や今後の対策について協議し，学術的な部分は安田さんを中心として対策が練られています．駆除は効果的に進んでおり，捕獲数は2010年が3,112頭，2011年が1,527頭，2012年が751頭，2013年が258頭と確実に駆除の効果が上がっています．九州で生息が確認されている長崎県の壱岐や福江島では，毎年数千頭を捕獲していますが，捕獲数の減少は見られていません．その点，宇土半島は関係団体の協力でこれまで捕獲がうまく進んでいます．

テレビ局の取材

　2010年3月には熊本西高校生物部のクリハラリスの研究について，NHK熊本が同行取材をされ，『クマロク！』という番組内のコーナーで「宇土半島増える外来種"タイワンリス"の現状」というタイトルで10分間程度紹介されました．この番組のインタビューの中で武元君は「調査をはじめたときはほとんど見ることはできなかったけど，最近はよく見かけるようになった」と答えています．本当に当初はじーっと待っていてもなかなか姿を見ることができなかったリスでしたが，2009年の終わりくらいから，道に寝そべっていたり，道路を横切ったりとよく見るようになりました．経験をとおしてでてきた言葉だったと思います．

それから

　2010年4月に，私は異動となり熊本西高校を離れました．その後の生物部の調査はとん挫しました．この年から熊本県高校総文祭で理科分野の発表がはじまり，生物分野が発表するということで，私も見学に行きました．3年生になった彼らが発表する姿を観ましたが，これを節目に3年生の部活動は終了しました．一緒に研究した部員の何人かは理科

系の進路に進みました．部長の吉村君も，生物部に参加したことが進路を決めるさいに影響したと，後に言ってきました．不器用な顧問が，不器用に指導してきたわけですが，生徒諸君の進路決定という大きな選択に，わずかながらもいい影響が与えられたとしたら，教師冥利に尽きるものです．

　私は，今もときどき宇土半島へ出かけます．生徒と歩いた道も変わったところがあります．「緑のトンネル」はリスが渡れないようにするためか両側の木が伐採され，空が見渡せるようになりました．宇土半島から天草へわたる天門橋の横にも新しい橋が建設中です．これらを渡ってリスが天草へ入らないように，今後も注意が必要でしょう．捕獲が進んでいるとはいえ，まだ，おそらく数百頭は生息していると見積もられています．捕獲を続けなければ，再び増加し，特産のデコポンなどに大きな被害がでるでしょう．気がぬけません．

　振り返ってみると，私は生徒を引っ張っていたつもりが，生徒と一緒だったから続けられたのかもしれません．いや，一人では無理だったでしょう．彼らと一緒に歩んだ2年間で私も変わったと思います．生徒諸君に感謝したいと思います．

　また，この研究を通して多くの方にお世話になりました．三角の果樹農家の方をはじめ，アドバイスをいただいた方々，理解ある職場の同僚，出会ったみなさんに感謝いたします．　　　　　　　　　　　　　天野守哉

107 クリハラリスを題材にした授業 (1) 解剖実習

「エー！　本当にリスを解剖するんですか？」

解剖実習の実施を伝えると，毎年決まってこの声があがります．生徒は中学時代にイカの解剖したことはあっても，フナやカエルを含む脊椎動物の解剖の経験はほとんどありません．驚きの声をあげるのは当然です．

きっかけはクリハラリスの生息数の増加を予測するために，駆除された雌の妊娠状況を開腹して調べたことでした．そのさい，このことを生徒にもぜひ経験させたいと思いました．

以前，生徒と一緒にウマの眼球や交通事故死したタヌキを解剖した経験があります．当時の卒業生に出会うと，「解剖をした先生ですよね」と声をかけてきます．生徒にとっては記憶に残る授業のようです．そこで，いい材料が手軽に得られるのであれば，授業で哺乳類の解剖をしたいと思っていたのです．

3年生の「生物」選択者は医療・リハビリ系に進学する生徒が多くいます．内臓などを直接自分の手で触り観察することが強い印象を与えて，高い学習効果につながると期待しました．もちろん，嫌がる生徒もいることを考えて，生徒のみならず職員や管理職にも事前に説明を行って理解を図りました．とくに初めて取り組んだ2011年は，2ヶ月前から入念な準備を行いました．

その年の準備の日程を示します．なお，現在は解剖実習が校内で浸透しているので，簡略化しています．

- 60日前　：授業の構想を立てはじめました．
- 50日前　：実施対象のクラスに計画をもちかけました．また，研究授業として教務に連絡しました．
- 45日前　：校長に授業の実施予定を伝えました．
- 20日前　：授業は事前学習0.5，解剖実習1，事後の調べ学習1の計2.5時間で計画し，指導案を作りました．

- 12日前　：森林総合研究所九州支所に保管されていたクリハラリスの冷凍個体を受け取りました．
- 11日前　：生徒に解剖個体を譲り受けたことを伝え，心の準備を促しました．
- 7日前　：作業の手順やネズミの解剖図・記録用紙等の授業プリントを作成しました．
- 4日前　：実習教師とともに予備解剖を行って，そのようすを撮影し，解剖手順をパワーポイントで作成しました．また，指導案を職員連絡会で配布しました．
- 実施前日：クリハラリスを冷凍庫から発泡スチロール保冷箱に移し，室温で自然解凍を開始しました．この方法による解凍は夏場で約1日，冬場で約2日かかります．

授業は次のように進みました．

1限目（事前学習・実験室）
　解剖実習直前の授業において25分を確保して，実習の詳細な説明を行いました．映像には生々しい場面もありますが，生徒たちは興味津々で映像に見入っていました．マスクやゴム手袋，消臭芳香剤を見せると，本当に自分たちが解剖をするという覚悟がついたようです．最初の提案時に拒否反応を示していた何人かの生徒も，心の準備ができてきたのか，とくに嫌がっているようすは見られませんでした．最後に実験班内で解剖1名，解剖補助2名，記録1名の役割分担を決めました．

2限目（解剖実習・実験室）
- 導入（5分）：実習の目的と心構えをあらためて伝え，事前学習時に見せた映像で手順を再確認させました．
- 展開（40分）：リスを配布します．「思っていたより重い」，「この雄，睾丸(こうがん)デケー」，「リスってこんな色だっけ」という声があがります．手順に従って，外部形態の観察・測定→解剖→各臓器の摘出・観察・記録→片付けと進みます．班内の解剖要員3人分のゴム手袋を配布

していましたが，はじめると記録担当も片手にゴム手袋を付けていました．聞いてみると「やっぱり触りたい」と言うので，追加で配布しました．見た目よりも臭いを気にする生徒が多いので，消臭芳香剤が活躍しました．

腸は腸間膜で位置がずれないようになっているので，かたまり状となっています．いくつかの班はその長さを確かめるために，腸間膜をていねいに切り取っていました．「なげー！」と両手で小腸を持ち上げる生徒もいました．

解剖開始から30分経つとほぼ予定内容が終了し，片付けと記録を行いました．

・まとめ (5分)：まとめとして，「今日のことは周りの友達や家族にぜひ伝えて欲しい．今日の授業の成否はその伝え方で決まる．真剣に学んだことを伝えられたら授業は成功，おもしろ半分で中途半端に伝えたら失敗だ」，「撮影は許可しなかった．それは万が一予想外に広まったとき，困った状況を引き起こす可能性が高いからだ」と話しました．

3限目（事後学習・パソコン教室）

・導入(5分)：解剖実習の振り返り後，この時間の内容を説明しました．
・展開 (40分)：実験班ごとに集まり，各自パソコンを操作します．昨日解剖して確かめた内臓器官の特徴やはたらきの調べ学習を行いました．机間指導中，次のようなやり取りがありました．

　　生徒：先生，盲腸って退化してはたらきはとくにない，と載っているけど，リスは大きかったですよね．
　　教師：それって，ヒトの盲腸の説明ではないのか？　リスは何の仲間だった？
　　生徒：ネズミです．
　　教師：じゃあ，検索語に「ネズミ」も加えてみたらどうか．

しばらくして

生徒：ちゃんと載っていました．草食動物では盲腸は重要なはたらきをしているのですね！

教師：いいところに気づいたじゃないか！　みんなに説明してやってくれ．

生徒：（他の生徒に向かって）おーい，知っとるや……．

・まとめ（5分）：各班で調べた内容を分担して発表させました．再度解剖実習の意義を確認し，授業プリントを回収して終了しました．

　最後に成果をまとめてみます．以前，文化祭における生物部のイベントの一つとして飼育されていたアイガモの解剖を実施したことがあります．そのときは実験室に入りきらないほどの観客が押し寄せ，怖いもの見たさも含めて興味・関心が高いことは肌で感じました．ただし，イベントと違い，授業では解剖が苦手な生徒でも基本的に全員が取り組むことになります．そこで，教師が実習の意義をしっかりと把握して伝えることや，生徒の心構えを事前に高めておくこと，どうしても苦手な場合

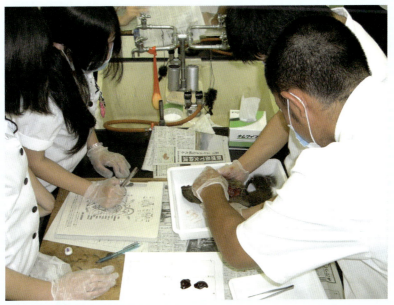

図164　解剖実習のようす．

第10章　外来生物をどう学び，どう教えるか

は間接的参加でも可能にする，というような配慮を行いました．

　実際に，最初は苦手意識をもっていた数人の生徒も，解剖当日は拒否反応を示すことはまったくなく，恐るおそるではあっても解剖中のクリハラリスに触っていました．もちろん関心が高い生徒は，胃の内容物に興味を示したり，腸の長さを測定したり，教師が指示した以上に取り組んでいました．

　この実習に対する生徒の感想をいくつか紹介します．

・初めて解剖をしました．最初は抵抗もあったけど，内臓を見たら，だんだん慣れてきました．自分の体の中もこんなふうに複雑なんだ，と考えさせられました．それぞれの臓器は小さいけれど，一つひとつの役割はとても大事なものです．改めて生物はスゴイと思いました．

・自分の班のリスは雌でしたが，乳首が黒くなっていたので子どもを産んだことがあることがわかりました．また，胃が大きく膨らんでいて，開いてみると植物質の何かを食べたことが確認できました．インターネットで各臓器のはたらきを調べてみて，人間では働きのない盲腸が，リスでは栄養を得る働きがあることを知ってビックリしました．

・小学校の時にヒトや動物の体内構造は学習していましたが，やっぱり生で見て触ってみるのは全く違っていて，とても勉強になりました．実際に腸を取りだしてみると，その予想以上の長さに驚きました．こういう機会はとても貴重だと思うので，ここで学んだことを大切にしていきたいと思いました．

・クリハラリスの解剖をしたことで，内臓の位置関係がはっきりとわかりました．遊び半分の気持ちではなく，命の学習をしたということを頭に入れておこうと思います．

　さらに事前準備をしっかりと行ったことで，生徒を通して意義深い授業として保護者や友人に伝わることにつながりました．後日，PTAの会合に参加したとき，保護者から好意的な発言をいくつか聞くことがで

きました．

　また，実施時期を来年度の選択教科を決定する時期に重ねることで，2年生に対し「3年の生物では解剖実習を行う．先輩から聞いて選択の参考にしておくこと」と伝えることもできました．つまり，単発の取り組みではなく，年間授業計画に位置づけておくことが必要です．

　2011年は解剖実習を研究授業としました．当日は校長や他教科の職員，教育実習生など8名ほどが参観しました．授業反省会で，「解剖後のリスを片付けるとき，手を合わせていた子がいました．それを見て，この授業は意義深かったのかなと思った」と聞き，予想以上の成果も感じました．

　これまで4年連続で実施して校内では浸透してきました．生物の授業をとっていない生徒からもやらせてほしい，という声もあるほどです．また，他校でも実施されはじめました．動物のお腹を切る感覚，内臓を直接見て，触れて，においを感じること，とても大切な経験だと思います．生物準備室には2年分のリスが冷凍保管されています．来年も取り組みます．

　　　　　　　　　　　　　　　　　　　　　　　　　　　　坂田拓司

図 165　調べ学習のようす．

108 クリハラリスを題材にした授業 (2) 特定外来生物

　高校の生物の授業では「生態系の保全」と「生物多様性」の項目で，外来生物が取り上げられます．宇土半島で分布を広げたクリハラリスは，生徒にとって身近で親しみやすい「特定外来生物」です．また，授業はどうしても講義がメインとなりますが，それだけではつまらなくなります．生徒がみずから考え，話し合い，発表する授業として構成してみました．
　教材は以下の5つです．ただし，タイワンリスとはクリハラリスの別名で，同じ種です．

① 「ダーウィンが来た！　森の鳴き技名人タイワンリス」NHK DVDブック No. 28
② 「タイワンリスを知っていますか」森林総合研究所多摩森林科学園

図166　外来生物の授業．

ウェブサイト
③「外来生物法パンフレット」環境省ウェブサイト
④「タイワンリス駆除大作戦」2010年8月27日 西日本新聞記事
⑤「タイワンリス剝製」熊本県松橋収蔵庫

　授業は2時間で構成しました．1時間目は剝製を触らせたり，ビデオで興味深い行動を映像で見せたりして，クリハラリスへの興味と関心を高めました．2時間目は，資料学習やクイズの解答を考えさせるグループ討論などの手法を取り入れました．生徒からは，通常の授業と比較して興味関心や内容理解度が高い評価が得られています．
　また，クリハラリスの駆除を感覚的・感情的な価値観のみではなく，科学的・論理的な価値観で判断・行動することも力を入れました．班活動では自分や家族の経験を例にしながら，行動の規範についての考えを述べた生徒もいました．
　授業レポートには，「グループ討議において意見交換が十分できなかった」，「結論が見えている内容をわざわざ論議する必要はない」という意見がありました．これは，本校のみならず高校の授業における課題の一つを表しています．自分の意見を適切に伝えるとともに他の意見を聞き入れる，討論を進めることで考えが深まり論理的価値観を身につける，このような学びの場が少ないのが現状です．
　私は勤務校の生徒にとって身近な題材であるクリハラリスを取り上げましたが，それぞれの地域や時代で取り扱う教材は異なるのが当たり前です．みなさんもオリジナルの教材でアクションラーニングの授業を組み立ててはいかがですか．　　　　　　　　　　　　　　坂田拓司

109 外来生物を減らすための科学

　2008年末，熊本県宇土半島（宇城市・宇土市）で特定外来生物クリハラリスの生息が確認されました（第106話）．クリハラリスは生態系の被害だけでなく，農林業被害や生活被害を引き起こす東南アジア原産の外来種のリスです．九州は，原産地とよく似た気候や植生ですが，天敵が少ないという特徴があり，個体数が急激に増える可能性があります．事態を重くみた日本哺乳類学会は，2010年1月，環境大臣，農林水産大臣および熊本県知事にその早期根絶対策の要望書を提出しました．また，熊本野生生物研究会も2010年2月，熊本県知事に同様の要望書を提出しています．そして2010年5月，クリハラリスの宇土半島への封じ込めと根絶を目標として，国，県，両市の担当者，生産者，学識経験者からなる協議会が設置され，本格的な防除がはじまりました．この時点でリスの生息数は5,000〜7,000頭と見積もられました．年増加率を1.4倍とすると，1年で2,000〜2,800頭も増える計算になります．これに対して前年度（2009年度）のリスの捕獲数は141頭でした．

　クリハラリスを減らすためにはどうすればよいでしょうか？　答えは「増えるより多く捕獲する」です．そのためには多くの人に罠を仕掛けてもらわなくてはなりません．そこで，捕獲したリスを1頭800円で買い取ることになりました．これを捕獲報奨金制度と言います．当初はリスの生息密度が高かったため，捕獲数は月に数百頭を超え，2010年度の1年間で3,112頭に達しました．捕獲作業はおもに猟友会の会員や果物の生産者によって行われました（図167）．罠は市役所から貸し出されましたが，捕獲にかかる費用（ガソリン代など）は各個人が手にする捕獲報奨金でまかなわれました．罠の見回りはそれぞれの個人の仕事の空き時間にかぎられました．

　2011年9月，環境省の委託事業がはじまりました．これは捕獲専門員を雇って罠を仕掛ける事業です．これを雇用従事者制度と言います．私たちは，4名の捕獲専門員を「宇土半島・クリハラリス・バスターズ」，略してUKBと呼ぶことにしました．罠や車，ガソリン代など捕獲にか

かる費用はすべて環境省からの事業費でまかなわれました．猟友会や生産者は集落や農地に近いところで捕獲を行っていたので，UKBの任務はまだ捕獲の手がおよんでいない山奥で捕獲をすることでした．この二段がまえの方法がうまくいき，リスの捕獲数は，2011～2013年度にそれぞれ1,527頭，751頭，258頭と順調に減っていきました（図167）.

これまでの5年間でわかったことがいくつかあります．捕獲報奨金制度は，1日あたりのリスの捕獲数が多いと捕獲報奨金が増えるので，リスが多いときは効果が高いけれども，対策が進み，少なくなると効果が下がります．一方，雇用従事者制度は，リスが少なくなっても罠をかけつづけることができるので，根絶に近づけることができます．

また，捕獲数は季節的に増減することがわかりました（図167）．もっとも多く捕れる時期は2～5月です．さらに，捕獲されたリスの死体を解剖することで，妊娠率は夏に高く（30％），秋から春に低く（15％）ことがわかりました．つまり，夏よりも冬から春に重点的に捕獲を行うことで，より効果的にリスの数を減らすことができるようになるのです．外来生物問題では，種の生態を知り，かぎられた予算や人員のなかでより効果的に対策を行うことが大事なのです．　　　　　　　　安田雅俊

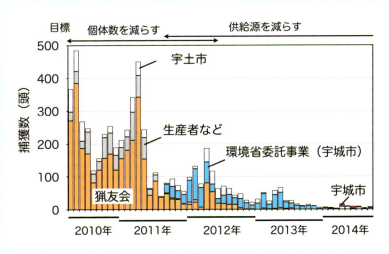

図167　宇土半島における月ごとのクリハラリスの捕獲数(2010年4月～2014年9月)．宇城地域振興局調べ．

資 料

110 熊本野生生物研究会前会長 西岡鐵夫

「思い切ってやっていい．何かあったら俺が責任をもつ」．私たち熊野研の会員は，西岡前会長（2011年逝去）から常々この言葉をかけていただきました．この言葉があったからこそ，この本（『くまもとの哺乳類』）の刊行も含めてさまざまな取り組みを行ってきました．そして，熊野研の活動が各界から認められるようになってきました．しかし，私たちには「無責任な取り組みで西岡会長に迷惑をかけてはいけない」という気持ちが強かったことも事実です．西岡前会長は頼れるリーダーであった，とあらためて感じます．

西岡前会長は両生類や爬虫類を得意分野とされていましたが，鳥類や

図168　西岡鐵夫熊本野生生物研究会前会長（任期1991～2011年）．1990年撮影．

哺乳類，植物などにも興味をもたれていました．いや，生物のみならず自然界すべて，すなわち森羅万象に関心をもたれていました．特定の分野の専門家でありません．自然を愛し，自然を体験し，自然を学び，自然を伝える，博物学の実践人でした．

　西岡前会長は本会設立（1985 年 12 月）から 6 年後の 1991 年に，第 2 代の会長に就任されました．いらい，熊本野生生物研究会誌の巻頭言を執筆していただきました．第 1 号（1992 年）では「会誌第 1 号は，この間の会員の調査研究の一部で，編集委員のたび重なる会議の結果をまとめられたものである．その内容の学術的高さは，会員及び編集委員の努力のあとをしのばせるものではなかろうか．日本全国に数多くある民間研究団体の中でも，ここまで成長してきたものは珍しいと思う」と述べられています．

　第 2 号（1996 年）では「熊本県産爬虫類・両生類方言一覧」という資料を北田　薫会員（当時）と共著で掲載されています．県内を 6 地域に分け，ていねいな聞き取り調査の結果をまとめられたものです．たとえば，ヘビのアオダイショウは県北ではエグチワナ，県南ではヤマタシなどと呼ばれており，全部で 32 もの方言を記録されています．

　第 6 号（2010 年）に掲載した「18 世紀中葉の毛介綺煥に描かれたヤマネの産地の特定」（長峰ほか）の資料収集のさい，『毛介綺煥』の写真を見せていただきました．それはずいぶん前に熊本博物館で展示したときに，許可を得てご自身で撮影されたものだそうです．そのとき，『毛介綺煥』が文化財のみならず自然史の資料として重要であることを教えていただきました．それには，「現在の自然の状況を調査記録して，後世に伝えることが重要だぞ」という真意があったと思います．

　そういう意味で，私たちはこの本（『くまもとの哺乳類』）の刊行を西岡前会長の意思を具現化する事業と捉えています　　　　　坂田拓司

111 熊本大学名誉教授　吉倉 眞

　吉倉　眞(まこと)先生は1911年に福井県でお生まれになりました.
　1985年から2003年まで永く熊本野生生物研究会の顧問として会をご指導いただきました.
　若い頃,樺太にお住まいで,当時の心境を次のように述べられています.「樺太にいた頃は,何か見知らぬ動物を見つけ,名を調べてもわからぬときは,専門家に同定を依頼していた.しかし,後になって,これを何とか自分で解決してみたい,という,そのような意欲が起こった」.
　その頃,旧樺太庁の大泊中学校に勤務をされていましたが,当時の同中学校長の勧めもあり動物学研究のため同校を退職され,1941年広島文理科大学(現在の広島大学文学部・教育学部・理学部)に入学されました.1943年,卒業後すぐに樺太師範学校に勤務され,願っておられた研究活動に励まれました.この頃オオヒゲコウモリの新種を発見し,恩師の名前を学名に織り込んで感謝の気持ちを伝えられたそうです.

図169　吉倉　眞熊本野生生物研究会顧問(任期1985～2003年).熊本大学の研究室にて1962年撮影.

第二次世界大戦中は陸軍から委嘱されたトナカイの研究もしておられました．終戦後，樺太から引き揚げられましたが，やがて熊本大学に招かれ，その後もクモを中心に研究されました．研究のみならず人材育成にも尽力され，故 西岡鐵夫氏（元 熊本博物館館長・熊本野生生物研究会前会長）など多くの研究者を輩出され，熊本県の動物学研究の中心として，調査研究の発展や自然保護活動にまで多大なご貢献をなされました．

　熊本大学合津臨海実験所の所長在任時，生物学者として著名な昭和天皇陛下の臨海実験所ご訪問が行われたさいには，ご案内役・ご進講役も務められました．

　熊本大学名誉教授，九州クモの会会長としても多くの業績を残されましたが2003年3月27日，老衰のため岐阜市の病院で逝去されました．

　おもな著書には，『クモの不思議』（1982）岩波新書，『クモの生物学』（1987）学会出版センターなどがあります． 　　　　　　　高添 清

112　熊本の哺乳類学略史

　熊本の哺乳類が科学的に記載された最初の文献は"FAUNA JAPONICA"（日本動物誌）です．オランダのシーボルト（1796〜1866年）が長崎に滞在していた1823〜1829年（江戸時代末）に精力的に集めた日本産の哺乳類をはじめ，鳥類や爬虫類，両生類など多数の資料をまとめたもので，哺乳類はライデン博物館館長のテミンクが分担しました．哺乳類は図版のあるものが31種，図版がないものが29種の合計60種が記載されていますが，このうち「ホンドザル」，「キュウシュウムササビ」の産地は「Figo」となっており，肥後（熊本）で採集されたものであることがわかります．日本動物誌によって日本の動物が初めて欧文で記載され，欧州に広く紹介されたわけですが，その中でニホンザルとムササビは熊本のものだったのです．

　明治時代，多くの外国人が来日し，日本の動植物や火山，民俗などを調査し，広く世界に紹介しました．1904〜1911年に米国のM. P. アンダーソン（1879〜1919年）らが日本や中国などで行った小型哺乳類の採集もその一つで，日本の動物学上の重要な調査と位置づけられています．一行は1904年6月25日にカリフォルニアを出発し，7月18日に横浜に到着．富士山や東北，北海道，静岡，愛知，奈良，四国などで採集し，1905年3月21日に門司から九州に入りました．3月31日に三角から熊本へ来て狩猟の許可を得，4月3日に栃木から南郷谷に入り，高森に到着．根子岳や阿蘇（高岳？）に登って採集したり，貉（むじな）を購入したりして4月14日に高森から日向へ向っています．その後，宮崎から鹿児島，さらに朝鮮，樺太，北海道へ回り，1907年1月に再び九州・対馬などを経て中国へ渡って1911年6月に米国に帰っています．

　この間に宿泊していた神戸の旅館の火災で愛知や奈良で採集した標本を失うなどのアクシデントもありました．彼が採集した日本の哺乳類44種は15編の論文に記載されています．高森で採集した哺乳類はニホンジネズミ，ヒミズ，テン，イタチ，アナグマ，アカネズミ，ヒメネズミ，スミスネズミ，ニホンノウサギの9種でした．

大正から昭和初期（1912～1935年頃）にかけて，熊本の哺乳類に関する学術的な報告は見当たりません．1940年，黒田長禮は『原色日本哺乳類図説』に五家荘久連子産のモモンガについて記載．また，1960年，今泉吉典は『原色日本哺乳類図鑑』を著し，モグラ，ハタネズミ，カヤネズミ，ヤマネ，タヌキなどを熊本産として新たに加えました．当時，熊本で知られていた哺乳類は真無盲腸目3，翼手目0，霊長目1，兎目1，齧歯目8，食肉目4の合計17種になります．

　熊本の研究者による調査・研究がはじまったのは1960年代．目撃することすら難しい哺乳類の調査・研究は，現在は自動撮影カメラやGPSを使ったIT機器などが進歩していますが，当時は文献の調査や現地での聞き取り，糞や痕跡などの調査が中心でした．

　熊本大学の吉倉　眞は熊本県の人吉・球磨・五木・五家荘地区自然公園候補地学術調査に参加，1969年に出された報告書に真無盲腸目4，翼手目4，霊長目1，兎目1，齧歯目10，食肉目5，鯨偶蹄目3の合計28種を記載しました．この調査は熊本の研究者による熊本の哺乳類研究の嚆矢ともいえるもので，その後の調査・研究の基礎となっています．吉倉はその後，県内全域で聞き取り調査を行い，学術誌や市町村誌などを網羅的に調べています．

　熊本の哺乳類の生態学的研究は中園敏之にはじまります．中園はキツネの調査のために矢部町に移住．1969年，「キツネは何を食べ，どれくらいの範囲で，どんな行動をしているのか」という素朴な疑問から，当時，誰も取り組んだことのないキツネの生態調査を開始しました．聞き取り調査などでおよその生息範囲を調べ，巣穴を探しました．その結果，矢部に多いネザサやシバの草原に巣穴を作ることがわかりました．ネザサなどの草原は見通しがいいうえに，地下に張った根などで巣穴が壊れにくいのです．また，糞の調査から春から夏はネズミなどの小動物，秋は昆虫や果実など，そして，冬は人家からでる残飯などを食べていることがわかりました．

　中園は1971年からキツネに電波発信器を取り付け，その電波によってキツネの位置を特定するテレメトリー調査をはじめ，行動範囲や生活のリズムなどを調べました．その結果，行動範囲は1 km^{2}で，北米などの先進研究でわかっていたキツネのなかまに比べると半分以下であるこ

とが判明しました．矢部のキツネは行動範囲に人家を取り入れ，残飯も餌としていますので，狭い範囲で生きることが可能とみられます．また，昼間もよく行動し，夜行性といわれてきたキツネのイメージを変えました．

洞窟の動物の研究で知られる入江照雄は 1972 年，九州のコウモリ類の動態調査を開始．九州全域の洞窟 170 ヶ所でユビナガコウモリなど 5 種のコウモリを確認．1 万 6,000 頭以上にアルミバンドをつけて，その移動などを調べました．その結果，ユビナガコウモリは季節に応じて九州一円の洞窟を広く移動．冬眠と活動期では洞窟を使い分けていることや厳しい低温下の冬眠期でも洞外での採食や移動をしていることなどをあきらかにしました．

特別天然記念物に指定されているカモシカは九州では幻の動物でしたが，九州大学を中心とするグループは生息分布調査を大分，宮崎，熊本で行い，各県ごとに調査報告書を順次刊行．熊本では 1985 年に報告書が出ました．このときの調査では中園をはじめ県内の高校教諭らを中心に調査隊が組織されましたが，これを機に熊本野生動物研究会（熊本野生生物研究会の前身）が発足しました．

熊本野生動物研究会の独自の調査は 1986 年の牛深・大島のカイウサギが最初です．大島は 1974 年から無人島になり，1982 年に牛深の市民が 3 頭（雄 1 頭，雌 2 頭）のカイウサギを放ったところ激増し，ウサギ島と呼ばれていました．1986 年には生息数 600 頭と推定されました．200 倍になった理由は餌が豊富で天敵がいないことなどが考えられました．その後，1991 年の調査では横ばいでしたが，2013 年，22 年ぶりの調査では 1 頭の生息も確認できませんでした．2010 年頃までに姿を消してしまったとみられますが，その理由は不明です．

1987～1989 年度，文化庁の「九州山地カモシカ特別調査」が熊本，大分，宮崎県で行われました．すでに 1970 年代から，それぞれの県で九州大学を中心として生息分布調査が行われており，文化庁の特別調査はこれらの成果をもとに，3 県が合同で，同時に行われました．その後も 1994～1995 年度，2002～2003 年度，2011～2012 年度の 4 回行われてきました．特別調査は現地の聞き取り，痕跡調査，糞塊法などで，分布域と生息数などを調べるもので，カモシカの分布域の変化や，生

息数の増減などのデータが30年以上にわたって蓄積されてきたのです．それによると1990年代後半には3県の県境や祖母・傾山系などで生息数は2,200頭ほどと推定されましたが，その後，カモシカはだんだん低地に移動し，密度も大幅に下がり，現在は全体の頭数も3分の1以下になっているとみられます．自動撮影カメラを使った調査では現在，祖母山系では1,000 m以上ではほとんど撮影されず，500〜1,000 mのいわゆる里山でしか撮影されていません．餌が競合するニホンジカの異常増加がカモシカの生態に大きな影響を及ぼしていると考えられています．

　1988〜1989年度に財団法人日本野生生物研究センターは熊本県内全域で野生ザルの生息調査を実施．当時，ニホンザルによる農作物被害がひどく，その対策のため熊本県が委託した調査でした．調査は川辺川流域，球磨村，錦町，阿蘇南外輪山，現在の阿蘇市の5地域を中心地域，県北や県南の6地域を準中心地域として行われました．県内14の猟友会，21の森林組合，さらに一般人に協力を求め，いっせいにサルの目撃情報などが集められました．その結果，熊本県内のニホンザルは川辺川流域や南阿蘇を中心に17グループ790頭がいると推定されました．

　九州歯科大学の荒井秋晴は1992年に北外輪山一帯でハタネズミの大発生の調査を行いました．ネザサが一斉開花・結実し，餌が豊富だった

図170　21世紀はじめの熊本野生生物研究会．熊本市にて開催された総会にて2001年1月27日撮影．

ことを受け，通常は1 ha あたり10匹未満しかいないハタネズミが264匹に異常増加していたことを突き止めました．1970〜1990年代はネズミやウサギの異常増加がみられましたが，現在はシカやイノシシが異常増加しています．また，荒井は1997〜2001年，阿蘇・九重の草原でテンの生態を調査．糞の分析から，出産季節である春は小動物や鳥類を中心に食べ，授乳期の初夏は果実，子どもが離乳期を迎える夏は昆虫や多足類，秋は冬に備えて果実で脂肪を蓄積，冬は秋の残りや人家の残飯を取っていることがわかりました．テレメトリー調査では行動範囲は500 m ほどで，時に1〜2.5 km に及ぶこと，DNA 解析で一定の範囲には定住個体と多くの非定住個体がおり，定住個体は少なくとも4年以上は定住していることなどをあきらかにしました．

　熊本野生生物研究会は2004〜2005年にかけて熊本県内全域でイタチ類のロードキル調査を実施しました．ロードキル調査は道路などで自動車にひかれて死んだ個体から，その分布などを調べるものです．県内には在来のイタチと外来種であるチョウセンイタチが生息していますが，調査の結果，雄はチョウセンイタチがイタチより1割ほど大きく，尾長も1.5倍ほどあるものの，雌ではほとんど変わらないことがわかりました．

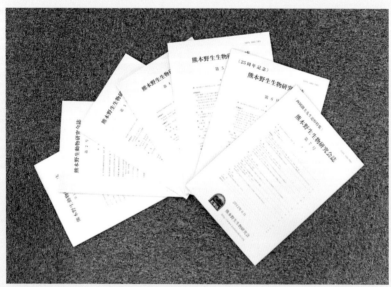

図171　熊本野生生物研究会誌．

また，イタチの割合は県内平均 12.2 ％で，イタチ戦争はチョウセンイタチがあちこちで勝利していることがあきらかとなったのです．地域別にみると天草ではイタチが 4 割以上と善戦していることがわかりました．
　これ以降の調査研究については，この本や熊本野生生物研究会が発行する『熊本野生生物研究会誌』に詳しく紹介されています．会誌には 1990 年代以降の報告が多数あり，会のウェブサイト（http://www.kumayaken.org）から無償でダウンロードできます　　矢加部和幸

あとがきにかえて

「生物の多様性の保全」をめざし環境教育の充実を図る
―自然体験をもっともっと豊かに―

「ごく当たり前の気持ち，美しい自然と，きれいな水と空気の中で生活したい．(中略) いつまでもこのすばらしい自然の中でのびのびと暮らせる環境であってほしい．と願う気持ちは変わらない．(中略) 私たち熊本県民は，水俣病を大きな教訓として，環境の破壊がどんなに悲惨な結果をもたらすか，その回復がどれほど困難であるかを深く認識しております．(中略) 私たちは，今一度，多くの恵みを与えている環境を正しく理解するとともに，みずから快適な環境を保全・創造していくための目標や取り組みの方向性等を示した環境基本条例を策定いたしましたが，この度，この同条例及び同指針にもとづいて，快適な環境を守り育て次代に引き継ぐことのできる人づくりをめざそうと環境教育基本指針を策定いたしました．」

この文章は1992(平成4)年12月，熊本県が策定した「熊本県環境教育基本指針」の中で述べられているものです．

とてもすばらしい内容です．しかし，県民にどれくらい浸透し，とりわけ学校でどのように取り上げられているでしょうか．

私たちの研究会は「生物の多様性の保全」という一文を明確に，新たに会の目的に掲げています．環境教育に寄与する目的にこれは欠かせないものです．この「生物の多様性の保全」は，その生物の存在を認識することからはじまります．それは，生物をはっきりと見分け，本質を十分理解することです．ここから生物の調査研究や総合的な自然環境調査の重要性が浮き彫りになります．

多様な野生生物の営みと相互関係の内容は，ヒトの生産活動のみならず，文学や芸術面などにも影響を与え，私たちにいろいろなことを教えてくれます．何より「知るは愛のはじめなり」ということを実感させてくれます．

私たちのような民間の団体には派手さはありません．会員一人ひとりが自分のライフワークをもち，積極的にかかわることによって会が成立

します．学習の場なのです．つまり，個々の多様性が私たちのような民間の研究会の特徴です．それもまた「保全されねばならぬ」ものだと思います．

私たちの会は熊本県の方針のみならず日本の生物多様性国家戦略にも十分かかわる活動をしています．

さて，数年ごとに，夏と秋には本会発足の原点である特別天然記念物カモシカ特別調査が行われ，若い会員の参加を呼びかけます．調査中も夜の歓談も，調査地への移動の道中もすべてが楽しいものです．

とくに，新しく教師になった方々には以下のことを強く訴えています．「教育の力は侮れないものがあります．カモシカ調査で身につけた感性と感動を教室に持ち込むことをすすめます．そのことは必ず生物の多様性の保全につながり，環境教育の発展につながります．」

傾斜45度の斜面を見おろすと足もとが震えます．傾斜90度の崖を移動中にツタウルシが目の前に現れると手が震えます．また，初めてカモシカの糞を見つけたときの高揚感，指を咬んだヘビがマムシとわかったときの恐怖感……．これらを授業で生徒に伝えます．生徒は話に集中し，心をワクワクさせます．

かつて私たちの会が派遣したアフリカ調査隊の熊本日日新聞での連載報告について，担当記者が1面の「新生面」（1991年10月20日付）に「……それにしてもアフリカを語る先生方の表情は生き生きしている．自分の目で見た興奮がそうさせるのだろうが，"自分の目で見ること"が……」と書いています．そして，「……自然教育の基本．何よりの教材となっている」と結んでいます．

IT技術の進歩は教師のみならず，おとなや子どもたちも自然から遠ざけているように見えます．昆虫少年がほんとうに少なくなっています．日曜日なのに家の外で遊んでいる子どもをほとんど見かけないと感じませんか？

2013年度，不登校の小中学生が，なんと全国で11万9,617人，熊本県でも1,415人にも及ぶことが報告されました（文部科学省学校基本調査）．私は自然体験不足の解消，環境教育の充実がこの問題解決の糸口になると確信しています．

突然現れたヘビに驚いたり，ハチに追いかけられたり，きれいな夕焼

けを眺めたり，環境からさまざまな刺激を受け，それに反応しながら成長していく姿が本来の人間，ヒトという哺乳類ではないでしょうか．
　みなさん，子どもたちとともに自然の中に出かけましょう．そこには生物の多様性から醸し出される発見と感動の宝物がいっぱいです．

2015年1月
熊本野生生物研究会30周年と特別天然記念物カモシカ指定60周年の年に，さらなる発展にむけて

熊本野生生物研究会会長

高添　清

参考文献

書籍・報告書
阿部 永・横畑泰志（編）（1998）食虫類の自然史．比婆科学教育振興会．
阿部 永ほか（2008）日本の哺乳類．改訂2版．東海大学出版会．
安藤元一（2008）ニホンカワウソ．絶滅に学ぶ保全生物学．東京大学出版会．
今江正知（監修）（1998）郷土の自然に親しむ．熊本自然環境研究会．
入江照雄（2007）続・暗闇に生きる動物たち．熊本生物研究所．
ウォーカー，ブレット（2009）絶滅した日本のオオカミ．北海道大学出版会．
遠藤秀紀（2002）哺乳類の進化．東京大学出版会．
大分・熊本・宮崎県教育委員会（2013）平成23・24年度九州山地カモシカ特別調査報告書．<http://www.pref.miyazaki.lg.jp/ky-bunka/kanko/bunka/page00032.html>
大田眞也（2002）阿蘇の博物誌．葦書房．
大田眞也（2009）阿蘇・森羅万象．葦書房．
大舘智志ほか（編）（2010）The Wild Mammals of Japan．松香堂・日本哺乳類学会．
岡崎弘幸（2004）ムササビに会いたい！晶文社．
落合啓二（1992）カモシカの生活誌．どうぶつ社．
小野勇一（2000）ニホンカモシカのたどった道．中央公論新社．
『科学朝日』（編）（1991）殿様生物学の系譜．朝日新聞社．
梶 光一ほか（編）（2013）野生動物管理のための狩猟学．朝倉書店．
梶島孝雄（1997）資料日本動物史．八坂書房．
加藤数功（1958）祖母傾山群に於ける熊の過去帳とかもしか．「祖母・傾」．祖母・傾自然公園開発促進協議会．
金子之史（2006）ネズミの分類学．生物地理学の視点．東京大学出版会．
川口 敏（2014）哺乳類のかたち．種を識別する掟と鍵．文一総合出版．
川田伸一郎ほか（2010）大哺乳類展．陸のなかまたち．朝日新聞社．
川道武男ほか（2000）冬眠する哺乳類．東京大学出版会．
環境省（編）レッドデータブック2014．哺乳類．ぎょうせい．
九州民俗学会（編）（2012）阿蘇と草原．鉱脈社．
熊本県希少野生動植物検討委員会（2014）熊本県の保護上重要な野生動植物リスト．レッドリスト2014．<http://www.pref.kumamoto.jp/soshiki/44/kisyou.html>
熊本県自然保護読本編集委員会（編）（1977）自然保護とあなた．自然と文化を愛する会．
熊本洞穴研究会（編）（1982）菊池渓谷の動物．熊本洞穴研究会．
熊本日日新聞社（編）（1995）くまもと自然大百科．熊本日日新聞社．
コウモリの会（編）（2011）コウモリ識別ハンドブック．改訂版．文一総合出版．
五家荘の会（編）（2005）泉村の自然．五家荘の会．
近藤宣昭（2010）冬眠の謎を解く．岩波書店．
高槻成紀（2006）シカの生態誌．東京大学出版会．
田村典子（2010）タイワンリスを知ってますか？森林総合研究所多摩森林科学園<http://www.ffpri.affrc.go.jp/tmk/introduction/documents/taiwanrisu.pdf>．
田村典子（2011）リスの生態学．東京大学出版会．
千葉徳爾（1969）狩猟伝承の研究．風間書房．
千葉徳爾（1995）オオカミはなぜ消えたか．新人物往来社．
土屋公幸（監修）（2010）日本哺乳類大図鑑．偕成社．
鳥海隼夫（2005）カモシカの民俗誌．無明舎出版．
中島 茂（1958）上日向の動物．「祖母・傾」．祖母・傾自然公園開発促進協議会．

中島福男（2006）日本のヤマネ．改訂版．信濃毎日新聞社．
中園敏之（1973）阿蘇のキツネ．学習研究社．
西岡鐵夫（編）（1974）熊本の動物．熊本日日新聞社．
日本生態学会（編）（2002）外来種ハンドブック．地人書館．
日本生態学会（編）（2012）生態学入門．第2版．東京化学同人．
日本哺乳類学会（編）（1997）レッドデータ　日本の哺乳類．文一総合出版．
日本野生生物研究センター（1987）過去における鳥獣分布情報調査報告書．生物多様性情報システム <http://www.biodic.go.jp/kiso/99/kakocho.html>．
長谷川政美（2011）新図説　動物の起源と進化．書きかえられた系統樹．八坂書房．
畠 佐代子（2006）全国カヤマップ2005特別版．カヤ原保全への提言 Part 2．全国カヤネズミ・ネットワーク <http://www2.kayanet-japan.com/kayabooks.htm>．
羽田健三（監修）（1985）ニホンカモシカの生活．築地書館．
菱川晶子（2009）狼の民俗学．人獣交渉史の研究．東京大学出版会．
舩越公威（2007）コウモリのふしぎ．技術評論社．
前田喜四雄（2001）日本コウモリ研究誌．翼手類の自然史．東京大学出版会．
湊 秋作（2000）ヤマネって知ってる？ヤマネおもしろ観察記．築地書館．
野生動物保護管理事務所（1989）昭和63年度九州地方のツキノワグマ緊急調査報告書．
山田 格・田島木綿子（2010）大哺乳類展．海のなかまたち．朝日新聞社．
山田文雄ほか（編）（2011）日本の外来哺乳類．管理戦略と生態系保全．東京大学出版会．
安間繁樹（1985）アニマル・ウォッチング．日本の野生動物．晶文社．
吉倉 眞（1969）人吉球磨五木五家荘地区の動物相について．「人吉球磨五木五家荘地区自然公園候補地学術調査報告書」．
吉倉 眞（1989）熊本の自然そして両生類の性分化．熊日情報文化センター．

論文（とくに熊本県の哺乳類に関係が深いもの）

荒井秋晴・白石 哲（1982）九州におけるハタネズミの個体群動態．I．個体数および行動圏の変動．九州大学農学部学芸雑誌，36: 89-99．
荒井秋晴・白石 哲（1982）九州におけるハタネズミの個体群動態．II．個体群変動と外的要因との関係．九州大学農学部学芸雑誌，36: 183-189．
荒井秋晴ほか（2003）久住高原におけるテン *Martes melampus* の食性．哺乳類科学，43: 19-28．
江口和洋・中園敏之（1980）ホンドギツネのアクティビティーパターンについて．日本生態学会誌，30: 9-17．
江崎悌三（1935）Duke of Bedford の動物学探検（I～IV）．植物及動物．3: 1348-1354, 1505-1512, 1671-1678, 1835-1841．
栗原智昭（2003）九州におけるクマの激減とクマのたたり．Bears Japan，4(1): 2-6．
小馬 徹（2012）北の河童・南の河童とその時代．歴史と民俗，28: 183-215．
中園敏之（1970）九州におけるホンドギツネの巣穴について．1．巣穴とその分布状態．哺乳動物学雑誌，5: 1-7．
中園敏之（1970）九州におけるホンドギツネの巣穴について．2．巣穴の構造4例．哺乳動物学雑誌，5: 45-49．
中園敏之（1989）九州におけるホンドギツネのハビタット利用パターン．哺乳類科学，29: 51-62．
Nakazono, T. and Ono, Y. (1987) Den distribution and den use by the red fox *Vulpes vulpes japonica* in Kyushu. Ecological Research, 2: 265-277.
中園匡英（1995）畜産及び野生獣調査．部落解放研究くまもと，(29): 60-72．
西山松之助（1988）真写文化史上の細川重賢．成城大学民俗学研究所紀要，12: 79-139．
長谷川善和ほか（2004）石灰岩洞窟内で発見された九州産ニホンオオカミ遺骸．群

馬県立自然史博物館研究報告，(8): 57-77.
馬場 稔ほか（1982）ムササビの土地利用と活動性．日本生態学会誌，32: 189-198.
藤井尚教（1995）サルの手や厩猿に関する地域比較研究（2）球磨郡川辺川流域において．尚絅大学研究紀要．18: 57-71.
舩越公威・入江照雄（1982）九州におけるユビナガコウモリの個体群動態．土龍，10: 218-229.
安田雅俊（2007）絶滅のおそれのある九州のニホンリス，ニホンモモンガ，およびムササビ．過去の生息記録と現状および課題．哺乳類科学，47: 195-206.
安田雅俊・近藤洋史（2010）明治初期の熊本県南部における野生哺乳類の生息，狩猟および被害の分布．森林防疫，59(2): 23-30.
安田雅俊・坂田拓司（2011）絶滅のおそれのある九州のヤマネ．過去の生息記録からみた分布と生態および保全上の課題．哺乳類科学，51: 287-296.
矢部恒晶（2007）九州におけるニホンジカ特定鳥獣保護管理計画の現状．哺乳類科学，47: 55-63.
吉倉 眞（1984）熊本の陸生哺乳動物．（1）研究史と陸生哺乳動物目録．土龍，(11): 27-55.
吉倉 眞（1988）熊本の陸生哺乳動物．（2）分布と実態．土龍，(13): 100-121.

　このほかに熊本野生生物研究会が発行している『熊本野生生物研究会誌』には県内の哺乳類に関する論文が多数掲載されている．

索 引

A〜Z
DNA ……………………… 89, 90, 225, 248, 292
ESD ………………………………………… 205
IUCN ………………………… vi, 9, 10, 197

ア
アカネズミ ……………… 4, 103, 122, 221, 288
アカメガシワトラップ ………………… 170, 219
あか牛 ……………………………………… 56
阿蘇 ………………………………… 54, 56, 78, 80
アナウサギ ……………………… 3, 138, 140, 142
アナグマ ………………… 4, 60, 66, 86, 220, 288
アナフィラキシー …………………………… 228
アブラコウモリ …………… 2, 6, 156, 159, 168, 172, 174, 223, 237
アライグマ ……… 3, 60, 85, 92, 94, 245, 246, 248, 250
有明海 ……………………………… 96, 136, 198
アンダーソン ……………………………… 288
イエネコ ………………………………… 4, 62
異常増加 …………………………… 124, 127, 291
イタチ ……………………… 4, 60, 90, 221, 288
イヌ …………………………… 4, 62, 84, 248
イノシシ ……………………… 4, 6, 20, 48, 50, 52
ウサギ目→兎目
兎目 …………………………………… 138, 239
ウシ目→鯨偶蹄目
宇土半島 …………… 103, 132, 144, 198, 252, 278, 280
ウマ目→奇蹄目
永青文庫 …………………………………… 67
エコーロケーション ……………………… 154
大型類人猿 …………………………… 146, 150
オオカミ …… 2, 42, 60, 64, 66, 68, 70, 98, 232, 238, 240, 244, 248
奥山 ……………………………… 6, 14, 30, 108
オヒキコウモリ …………… 4, 156, 159, 176, 178

カ
カイウサギ …………………………… 142, 290
海牛目 ……………………………… 197, 202
疥癬 …………………………………… 30, 85
解剖 …………………………… 59, 247, 268, 272, 281
外来種 ……… iv, 2, 60, 85, 88, 90, 92, 102, 120, 133, 134, 138, 141, 180, 244, 246, 270, 280, 292
外来生物 …… iv, 4, 92, 94, 132, 246, 248, 250, 252, 278, 280

外来生物法 ……………… 4, 92, 132, 248, 279
外来生物予防三原則 ……………………… 250
外輪山 …… 64, 106, 109, 110, 124, 127, 148, 214, 291
かご罠 ……………………………… 218, 247
果実 …… 63, 80, 84, 88, 102, 107, 113, 116, 118, 154, 222, 255, 289
カスミ網 ……………… 161, 167, 168, 218
河川 …… 1, 6, 16, 64, 72, 91, 127, 130, 168, 195, 233
過疎化 ………………………… 6, 53, 239, 245
カッパ ………………………………… 74, 99
カマイルカ ……………………………… 4, 196
カモシカ …… 2, 6, 11, 20, 24, 26, 28, 30, 32, 34, 36, 38, 207, 220, 245, 290
カヤネズミ ……………… 4, 6, 103, 130, 236, 289
カワウソ …… 2, 6, 16, 60, 64, 72, 74, 88, 232, 238, 244
カワネズミ …… 2, 6, 16, 66, 180, 190, 192, 220
かんきつ類 ……………………………… 265
環境基本条例 …………………………… 294
環境教育 …………………………… 235, 294
環境教育基本指針 ………………………… 294
環境省 …… 4, 10, 14, 64, 74, 76, 94, 133, 192, 202, 206, 212, 250, 260, 279, 280
環境要因 …………………………… 38, 160
環状食痕 …………………………………… 263
飢饉 ……………………………………… 244
キクガシラコウモリ …… 4, 155, 159, 160, 162, 216, 223
北向谷原始林 ……………………… 109, 244
キツネ …… 2, 6, 60, 78, 80, 82, 98, 125, 144, 215, 220, 237, 240, 244, 289
奇蹄目 ………………………………… 20, 58
九州山地 …… iii, 2, 12, 51, 71, 109, 113, 121, 166, 183, 188, 238, 290
教育 …… 30, 142, 206, 235, 246, 269, 277, 294
近縁種 ……………………………… 62, 88
金峰山 ………………………… 14, 51, 119, 160
禁猟 ………………………………… 42, 64, 238
グアノ …………………………………… 162
鯨偶蹄目 ………………………… vi, 20, 196
クジラ目→鯨偶蹄目
球磨川 …………………………… 2, 16, 72, 192
クマネズミ ………………… 2, 104, 134, 219
熊本城 …… 11, 118, 159, 176, 178, 260

300

九州地方環境事務所……………………94, 260
熊本博物館………………………………………12
熊本野生生物研究会………… iv, 36, 234, 290
くまモン……………………………………… 100
クリハラリス…… 3, 103, 120, 132, 245, 246, 249, 250, 252, 272, 278, 280
クロホオヒゲコウモリ………… 4, 156, 166, 216
渓流………………………… 127, 189, 190, 192, 222
毛皮…… 42, 46, 64, 74, 86, 88, 91, 142, 239, 243, 250, 252
齧歯目………………………………… 9, 102, 289
獣道…………………………………………… 209
硬糞…………………………………………… 141
コウベモグラ…………… 4, 7, 180, 182, 184, 186
コウモリ目→翼手目
高齢化…………………………………… 6, 245
五家荘…………………… 114, 108, 188, 289
護岸…………………………………… 72, 192
コキクガシラコウモリ… 4, 156, 160, 163, 216
国際自然保護連合……………… iv, 9, 10, 197
ご眷属…………………………………… 71, 240
個体数管理……………………………… 45, 46
コテングコウモリ…… 2, 156, 166, 169, 170, 216, 219
固有種………… 1, 21, 24, 40, 86, 102, 125, 126
根絶………………………………… 133, 248, 281

サ
雑食性………………… 22, 48, 63, 84, 92, 104, 130
里山…… 6, 14, 34, 51, 52, 84, 94, 104, 109, 209, 239, 245, 291
サル目→霊長目
山間地………………………………………… 6
飼育…… 10, 24, 59, 60, 92, 132, 140, 142, 151, 248, 250, 264, 275
自然植生………………………………………… 2
自然保護課…………………………………94, 261
持続可能な開発のための教育（ESD）… 205
自動撮影…… 34, 50, 84, 87, 93, 94, 104, 108, 113, 175, 192, 210, 215, 218, 267, 289
シャチ…………………………………… 4, 197
ジュゴン………………………… 2, 11, 196, 202
ジュゴン目→海牛目
樹上…………… 88, 102, 108, 113, 116, 123, 210
種数……………………………… 1, 21, 102, 144, 154
樹洞……… 77, 111, 116, 118, 154, 166, 168, 216

狩猟…… 26, 31, 43, 47, 51, 54, 64, 74, 77, 120, 137, 145, 219, 233, 238, 242, 252, 288
狩猟者………………………………… 120, 215, 238
照葉樹林……………………………87, 105, 113, 171
常緑広葉樹林……………………………2, 29, 113
食害…… 3, 13, 27, 31, 124, 133, 141, 143, 248, 266
植生…………………… 2, 29, 31, 143, 245, 280
食性………………………………… 63, 80, 201
食虫目→真無盲腸目
食肉目…………… 9, 60, 64, 88, 92, 202, 289
食物連鎖………………… 13, 125, 152, 183, 232
植林……………………………………………31
人口…………………… 49, 97, 147, 150, 152, 242
人工林…………… 2, 15, 45, 87, 109, 195, 245
人文科学……………………………… 71, 241
真無盲腸目…………………… vi, 9, 180, 289
森林…… 1, 4, 13, 14, 24, 27, 31,44, 46, 51
森林総合研究所…………………………34, 50
巣穴…… 72, 78, 80, 99, 141, 222, 237, 289
スズメバチ…………………………… 37, 228
スナメリ……………………………4, 196, 198
巣箱…… 106, 108, 110, 112, 114, 122, 207, 211
スマートフォン……………………………227
スミスネズミ………………… 4, 104, 126, 288
セアカゴケグモ………………………… 248
生息環境…… v, 1, 6, 16, 27, 28, 45, 89, 91, 105, 127, 171, 183, 212, 245
生息地…… 6, 27, 28, 31, 69, 72, 84, 117, 131, 148, 186, 213, 238, 246
生息密度………… 22, 29, 34, 124, 133, 239, 280
生態系…… 3,23,31,44, 62, 79, 85, 92, 99, 125, 131, 132, 136, 152, 183, 198, 214, 239, 242, 246, 248, 278, 280
生態的地位………………………… 152, 154
性的二型………………………………21, 62, 90
生物多様性…… iv, 1, 14, 17, 19, 51, 127, 133, 137, 188, 202, 205, 206, 213, 214, 232, 234, 237, 238, 240, 242, 246, 250, 278, 295
生物多様性国家戦略…………………… 234, 295
生物多様性センター………………… 202
生物多様性戦略……………………… 234
絶滅…………… 2, 10, 42, 64, 70, 72, 76
絶滅危惧種……10, 14, 19, 107, 113, 168, 198
草原……………………………………1, 55, 124
ソルレステス・ミフネンシス…………… 136

索引 301

タ

タイワンリス ……………… 4, 132, 252, 279
　→クリハラリスも参照
立田山 ……………… 14, 50, 84, 87, 140, 160
タヌキ …… 2, 6, 14, 60, 74, 84, 94, 125, 210, 212, 215, 218, 220, 272, 289
ため糞 ……………… 38, 80, 84, 192, 221
遅延着床 ……………………………… 88, 155
チョウセンイタチ ……… 3, 60, 90, 222, 246, 250, 293
ツキノワグマ …… 2, 60, 64, 76, 100, 232, 238, 244
適正レベル ……………………………………… 46
鉄砲 …………………………………… 26, 64, 67
テミンク …………………………………… 288
テレメトリー ……… 80, 82, 88, 184, 289, 292
テン ……………………………… 4, 60, 66, 74, 88
テングコウモリ ……… 2, 156, 162, 166, 169, 216
天然記念物 …… 4, 11, 24, 36, 35, 74, 102, 107, 108, 202, 290, 295
天然林 …… 2, 12, 27, 89, 113, 149, 166, 169, 171, 208
洞窟 ………………………………………… 1, 68
冬眠 …… 103, 105, 107, 111, 154, 160, 165, 167, 169, 171, 173, 290
特定外来生物 …… 4, 92, 94, 132, 205, 248, 250, 252, 278, 280
特別調査 ……… 28, 30, 34, 38, 254, 290, 295
特別天然記念物 …… 4, 11, 24, 27, 35, 74, 203, 290, 295
ドブネズミ ……………… 4, 6, 104, 134, 219
ドングリ ……………………………… 48, 122

ナ

内大臣 ……………………………………… 108
縄張り ……………………… 24, 31, 187, 222
軟糞 ………………………………………… 141
ニッチ ………………………………… 152, 154
ニホンザル …… 4, 6, 145, 146, 148, 221, 288
ニホンジカ …… 3, 6, 13, 20, 24, 26, 29, 31, 34, 38, 40, 42, 44, 46, 94, 145, 215, 220, 238, 243, 291
ニホンジネズミ ……… 4, 145, 180, 194, 214, 288
ニホンノウサギ …… 2, 138, 141, 142, 144, 221, 288
ニホンモモンガ …… 2, 6, 103, 112, 114, 122, 207, 211, 221

ニホンリス ……………… 2, 102, 120, 232, 252
人間活動 ……… 1, 2, 14, 135, 232, 246, 249
ぬた場 ………………………………… 49, 52, 220
ヌートリア ……………………… 2, 102, 104
ネコ目→食肉目
ネズミ目→齧歯目
農林業 …… 5, 22, 44, 125, 132, 239, 245, 270, 280
野焼き ………………………………………… 54, 79
ノレンコウモリ …… 4, 156, 160, 162, 168, 216

ハ

馬刺し …………………………………………… 58
ハタネズミ …… 2, 6, 104, 124, 126, 214, 221, 289
ハツカネズミ ……………… 4, 6, 104, 134, 219
バットディテクター ………………… 158, 168
ハナゴンドウ ……………………………… 4, 197
繁殖期 ……………… 25, 38, 41, 130, 187
反芻 …………………………………………… 22
被害 …… 5, 6, 13, 23, 42, 44, 46, 92, 124, 133, 215, 239, 242, 248, 255, 280, 291
ヒゴテリウム ……………………………… 136
ヒナコウモリ …………………………… 4, 156, 166
ヒメネズミ …… 4, 104, 122, 211, 221, 288
ヒメヒミズ ……………………… 2, 180, 182, 188
標高 ………………………………………… 109
糞塊 ………………………… 29, 34, 38, 207, 220
糞塊法 ………………………………… 29, 34 39, 290
文化財保護法 ………………………………… 11, 27
糞虫 …………………………………………… 38, 225
捕獲報奨金 ………………………………… 280
保護区 ………………………………………… 27
細川重賢 …………………………………… 64, 67

マ

巻狩 …………………………………………… 54
マムシ ………………………………………… 36, 230
密猟 ………………………………… 26, 30, 203
水俣病 ………………………………………… 96
ミナミハンドウイルカ ……… 4, 196, 200
民俗 …………………………………………… 54, 99
ムササビ …… 4, 6, 102, 116, 118, 133, 154, 211, 215, 220, 288
群れ …… 22, 24, 41, 58, 138, 141, 146, 148, 199, 200
毛介綺煥 ……………………… 61, 64, 66, 181
木炭 ………………………………………… 14, 244

モグラ塚……………………… 7, 184, 186
モグラ目→真無盲腸目
モニタリング………………… 145, 206, 232
モモジロコウモリ…… 4, 155, 158, 160, 169, 216

ヤ

八代海……………………… 49, 196, 198
ヤマコウモリ………………… 4, 156, 166, 176
ヤマネ …… 2, 11, 60, 66, 102, 106, 108, 110, 114, 122, 211, 221, 245, 289
ユビナガコウモリ…… 2, 156, 160, 164, 169, 216, 290
翼手目………………………… 9, 154, 289

ラ

落葉広葉樹林………… 2, 12, 29, 107, 113, 171
霊長目………………………… 9, 146, 150, 289
歴史…………………………… 1, 117, 118, 242
レッドデータブック………………………33, 232
レッドリスト…… vi, 4, 9, 10, 64, 74, 76, 86, 113, 125, 126, 131, 182, 192, 197, 198, 202, 212, 232
ロードキル……………………90, 212, 292

ワ

罠…… 34, 128, 168, 184, 188, 192, 195, 203, 218, 280

索引　303

執筆者・写真提供者等一覧　(五十音順，敬称略)

天野　守哉	熊本県松橋収蔵庫	
有馬　博	SOL建築設計事務所	
荒井　秋晴†	九州歯科大学歯学部	
石橋　真奈	東海大学農学部（学部生）	
一柳　英隆†	熊本野生生物研究会	
井上　昭夫	熊本県立大学環境共生学部環境資源学科	
岩切　康二	宮崎野生動物研究会・岩切環境技研㈱	
大田黒　司	開新高等学校	
大野　愛子	元 熊本県立大学大学院環境共生学研究科（大学院生）	
岡田　徹	北九州市在住	
歌岡　宏信	真和中学・高等学校	
樫村　敦	東海大学農学部応用動物科学科	
城戸　美智子	㈱九州自然環境研究所	
越野　一志	元 県立御船高等学校	
坂田　拓司*	熊本市立千原台高等学校・熊本野生生物研究会副会長	
坂本　真理子	㈱エフトレック	
高添　清	熊本野生生物研究会会長	
田中　英昭	㈱九州自然環境研究所	
田上　弘隆	開新高等学校	
田畑　清霧	熊本県立東稜高等学校	
長尾　圭祐	熊本県立宇土高等学校	
中園　朝子	㈱九州自然環境研究所	
中園　敏之	㈱九州自然環境研究所	
長峰　智	元 熊本県立水俣高等学校	
畠　佐代子	全国カヤネズミ・ネットワーク	
馬場　稔†	北九州市立自然史・歴史博物館	
藤吉　勇治	山都町立蘇陽南小学校	
前田　哲弥	熊本県松橋収蔵庫	
松井　英司	熊本県立菊池高等学校	
松田　あす香	熊本県立阿蘇中央高等学校	
松本　麻里	真和中学・高等学校	
水上　健太	九州看護福祉大学（学部生）	
皆吉　美香	熊本野生生物研究会	
村山　香織	熊本大学理学部（学部生）	
免田　隆大*	熊本県立宇土高等学校	
森田　祐介	熊本野生生物研究会・大分生物談話会	
矢加部　和幸*	元 熊本日日新聞記者	
安田　晶子	(公財)日本野鳥の会	
安田　樹生	熊本野生生物研究会	
安田　雅俊*	森林総合研究所九州支所	
山下　桂造	玉名女子高等学校	
山田　淳一	立正大学地球環境科学部地理学科	
八代田　千鶴	森林総合研究所関西支所	

（所属は2014年12月現在）

＊『くまもとの哺乳類』編集委員会　　†『くまもとの哺乳類』校閲者

編者紹介

熊本野生生物研究会（くまもとやせいせいぶつけんきゅうかい）

1984年の熊本県カモシカ調査を契機に1985年に熊本野生動物研究会として設立された．1995年に名称を変更し，現在に至る．会員相互の情報交換と親睦を計り，野生生物の調査研究を行うとともに，自然に親しみ，環境教育の発展と生物多様性の保全に寄与することを目的とする．学術誌『熊本野生生物研究会誌』を発行．
2015年度役員：会長：高添 清，副会長：坂田拓司，事務局長：田上弘隆．
ウェブサイト：http://www.kumayaken.org
メールアドレス：jimukyoku@kumayaken.org

装丁　　　　　中野達彦
カバーイラスト　里見 有

くまもとの哺乳類（ほにゅうるい）

発行日　2015年2月5日　第1版第1刷発行

編　者　熊本野生生物研究会
発行者　安達建夫
発行所　東海大学出版部
　　　　〒257-0003 神奈川県秦野市南矢名 3-10-35 東海大学同窓会館内
　　　　電話 0463-79-3921　FAX 0463-69-5087
　　　　振替 00100-5-46614
　　　　URL http://www.press.tokai.ac.jp/
組　版　本郷尚子
印刷所　港北出版印刷株式会社
製本所　誠製本株式会社

Ⓒ Kumamoto Wildlife Society, 2015　　　　　ISBN978-4-486-03735-4
Ⓡ〈日本複製権センター委託出版物〉
本書の全部または一部を無断で複写複製（コピー）することは，著作権法上の例外を除き，禁じられています．本書から複写複製する場合は，日本複製権センターへご連絡の上，許諾を得てください．
日本複製権センター（電話 03-3401-2382）